山东建筑大学建筑城规学院青年教师论丛

ARCHITECTURAL DESIGN
METHODS BASED ON CULTURAL ECOLOGY

基于文化生态理念的建筑设计方法研究

李超先　李世芬◎著

U0195747

中国建筑工业出版社

图书在版编目（CIP）数据

基于文化生态理念的建筑设计方法研究 = ARCHITECTURAL DESIGN METHODS BASED ON CULTURAL ECOLOGY / 李超先, 李世芬著. -- 北京 : 中国建筑工业出版社, 2024. 7. -- (山东建筑大学建筑城规学院青年教师论丛). -- ISBN 978-7-112-30172-0

Ⅰ. TU201.5

中国国家版本馆 CIP 数据核字第 2024DX8369 号

责任编辑：朱晓瑜　吴宇江
责任校对：姜小莲

山东建筑大学建筑城规学院青年教师论丛

基于文化生态理念的建筑设计方法研究

ARCHITECTURAL DESIGN METHODS BASED ON CULTURAL ECOLOGY

李超先　李世芬◎著

*

中国建筑工业出版社出版、发行（北京海淀三里河路 9 号）

各地新华书店、建筑书店经销

国排高科（北京）信息技术有限公司制版

建工社（河北）印刷有限公司印刷

*

开本：787 毫米×1092 毫米　1/16　印张：13 ½　字数：284 千字
2024 年 11 月第一版　　2024 年 11 月第一次印刷
定价：**59.00** 元
ISBN 978-7-112-30172-0
（43574）

前　言

　　建筑作为人类文明的产物，标志着人类文明的发展进程，是人类文化的物质载体之一。在建筑学界，基于地域文化的建筑传承与表达，是现代建筑运动之后的经典论题，并在与不同学科交叉的基础上，形成了文脉主义、建筑符号学、建筑类型学、批判性地域主义等建筑理论。然而，在当代中国的城市化进程中，存在城市建筑文化表达不当、文化生态失衡现象，建筑学界也存在对文化表达方法研究不足等问题。同时，在新时代"文化复兴"与"生态文明"建设的国家战略背景下，建筑文化的传承与表达再次成为建筑学领域的研究热点。

　　生态学，是研究生物与环境之间关系的学科。文化生态学，则借鉴了生态学"世界观"与"方法论"的思维方式，成为研究人类文化与环境之间相互关系的一门分支学科。

　　本书受文化生态学研究的启示，从文化生态视角切入并运用生态学的相关理论方法，研究建筑设计中的文化表达这一经典论题。针对城市建筑的文化生态失衡等问题，本书在吸取了生态学、文化生态学、设计方法研究等学科的理论基础上，运用学科交叉的方法，将生态学的相关概念与原理转换应用到建筑文化研究中，进而通过原型提取、图解分析、分类归纳等方法，推演文化在建筑设计中的生态性表达方法，从而区别于传统与当下的建筑文化表达之研究模式，以期达到设计理论与方法的创新。

　　本书主体分为理论转换、模式提取和方法推演三个主要内容。第一，进行文献综述，论证研究的可行性与破解思路，并解析、建构建筑文化的生态要素与表达路径；第二，解析相关建筑案例的文化生态适应模式及手法；第三，提出建筑文化的生态性传承策略，并推演建筑文化的生态性表达方法，形成方法体系。

　　经以上三个主要内容的论述，形成了以下三个创新点：

　　其一，基于文化生态理论转换，提取建筑文化的生态要素（详见第3章）。本书突破传统建筑文化及其表达方法中，以类型学、符号学、文化学等方法为基础的建筑理论研究，基于文化生态理念之独特视角，运用生态学、文化生态学的相关理论与方法，引入生态学中的原理、概念来解析建筑文化，进而转换为建筑文化的生态要素，包括：建筑文化生态因子、建筑文化生态位、建筑文化限制因子、建筑文化生态型、建筑文化的生态进化等，并在此基础上，建构了建筑文化的生态性表达路径，为进一步进行建筑设计方法研究建构理论基础。

其二，系统归纳、推演出建筑文化之生态性表达方法，并归类出对应文化原型的九种建筑设计手法（详见第6章）。首先，基于建筑文化的生态要素、表达路径建构，以及生态模式等前期结论，推演建筑文化的生态性表达之程式化设计方法，形成文化分析、选择、提取、表达四步生态性设计法，即：建筑文化生态位分析，建筑文化的限制因子分析，文化生态原型提取，文化原型的生态进化与转化表达。其次，将生物在适应环境变化中的不同进化模式，转换运用到建筑文化中，提出"显性""隐性"原型及其处理手法，针对"显性"文化原型（即：形式原型、材质原型、空间原型），解析归类出简式进化、复式进化、趋同进化、趋异进化、镶嵌进化、特式进化等六种建筑设计手法；针对"隐性"文化原型（即：观念原型、历史原型），解析归类出实体化、空间化、抽象化等三种建筑设计手法。

其三，基于文化生态型案例解析出建筑文化的生态适应模式，形成案例库（详见第4章以及附录）。基于前文建筑文化的生态要素解析，筛选出70个文化生态型建筑案例，解析每个案例具体的适应因素与方法，并整理归类，总结出三大类、九小类建筑文化的生态适应模式。进而根据第6章中的建筑文化的生态性表达方法推演，依次从建筑文化生态位、建筑文化限制因子、文化生态原型、生态性表达四个步骤，详细解析了文化生态型建筑案例的生成过程，并形成了附录中的案例分析库。

本书以文化生态理念的视角，针对当代建筑设计中的文化表达问题，提出了系统化、生态性、程式化的观念与方法。在观念层面上，强调学科交叉和文化生态理念。在方法层面上，一是提出建筑的生态性表达方法，包括文化分析、选择、提取、表达四个步骤；二是给出九种针对不同文化原型的建筑处理手法。因此，本书的研究成果在建筑文化的内涵及其生态性表达等方面具有一定的理论和现实意义。

目　录

第 **1** 章

绪论

1.1　问题的提出

在中国当代的城市化进程中，城市建筑表现出文化生态失衡、文化表达不当等较为突出的问题；在当代国内的建筑学研究领域，对于建筑文化的表达方法研究存在不足。

1.1.1　文化生态失衡——建筑设计的现代侵蚀

我国的城市化率在中华人民共和国成立初期仅为 10%，至 2017 年，城市化率达到 58.52%[①]。从数据上看，我国已经步入了城市时代。然而，快速的城市化，使得诸多城市规模迅速膨胀，在人们享受到经济繁荣发展成果的同时，城市的历史文脉及特色文化传统在急功近利的发展中遗失，导致我国的地域文化生态环境失衡、破坏。

一直以来，建筑学术界对代表城市文化的标志性建筑"个性"也有不同的声音，而讨论的焦点即建筑应该是"文化传承"还是"标新立异"[②③]。在争论的背后，不难发现国内建筑界传统文化意识的觉醒，人们不再一味追求西方现代建筑风格，而开始探讨优秀传统文化的传承与表达，上海世博会中国馆、汶川博物馆、北川文化中心等一系列建筑作品，便是有力的证明。

我国的城镇化经历 20 余年高速发展后，正处于一个由"量"向"质"的转折时期[④]。建筑作为城市文化的主要载体，在这一"质变"时期，保持自己的特色绝不是那种落后的、不适合现代人生存和生活的方式与形式，真正需要我们尊重与传承的是那种具有生命力的美好人文特色。

正如美国城市学家刘易斯·芒福德在论及城市本质问题时谈道："密集，众多，包围成圈的城墙，这些只是城市的偶然性现象特征，而不是它的本质性特征，虽然战事的发展

---

① 《中华人民共和国 2017 年国民经济和社会发展统计公报》。

② 在《标志性建筑与城市》文章中，世界建筑导报采访了多位国内知名建筑师，他们对于城市标志性建筑的观点各有侧重，如：同济大学卢济威教授认为，"标志性建筑必须与区域的城市形态和谐、协调"；东南大学仲德昆教授认为，"标志性建筑就要独树一帜，但并不排斥与周围环境融为一体，融为一体也有多种方式，地标更加强调对比，是其特色理念"；北京大学王昀副教授认为，"一个建筑能否成为地标，应该看它是不是具有文化底蕴，是否具有代表性"。由此分析，专家学者们对标志性建筑的态度与观点存在一定的争议。

③ 卢济威，仲德昆，刘力，等. 标志性建筑与城市[J]. 世界建筑导报，2006(1): 8-17.

④ 周牧之. 中国城市化发展进入大转折时期[EB/OL]. [2017-1-5]. http://jjckb.xinhuanet.com/2017-01/05/c_135956036.htm.

的确曾使城市的这些特征成为主要的、经久的，并一直延续至今。城市不只是建筑物的群集，更是各种密切相关并经常相互影响的各种功能的复合体——他不单是权力的集中，更是文化的终极。①"

吴良镛先生也曾说："我们在全球化进程中，学习吸取先进的科学技术，创造全球优秀文化的同时，对本土文化更要有一种文化自觉的意识，文化自尊的态度，文化自强的精神。②"

所以，本书研究的首要目的，是在部分现代建筑侵蚀我们的本土文化特色时，从一个建筑师的角度，审视建筑设计如何传承优良的地域文化，并担当起维护我们独特文化生态环境的责任。

1.1.2　手法东施效颦——建筑文化的不当表达

在我国快速的城镇化过程中，因使用者的价值追求不同，抑或为快速展现出大城市的风采，有相当一批建筑作品的文化表达并不恰当，或为西式风格直接移植；或是怪异元素的哗众取宠；或是对国际知名建筑的盲目效仿。

西式元素移植。从 20 世纪 80 年代至今，随着建筑市场的商业化，一批批的欧式建筑席卷全国。欧式建筑现象主要有两种表现形式，即后现代倾向的欧式风格和古典复兴的欧式③④。西式元素在我国城市中的移植与蔓延，似乎并没有因为地域文化生态环境的不同而"水土不服"，反而在市场的强烈需求中变得"名贵""高档"。然而，"高档"的西式建筑在中国的深厚文化土壤中，是注定经不起时间考验的，至于以"欧式文化"的建筑设计理念迎合各方趣味，则更是一种对中国本土文化不负责任的商业行为。

奇异代替特色。除了西式建筑的蔓延外，国内许多城市出现了"奇怪"的建筑形式，或许是要体现文化的独特，但是显得"矫枉过正"，或者称之为"不走寻常路"。

效仿取代创新。在城市化浪潮中，为快速展现出大城市的风采，许多城市风貌的设计采用了"向拉斯维加斯学习"式的捷径，一些重要建筑盲目地模仿著名国际城市建筑，如此，似乎变成了一个国际大都市。在国内，包括许多城市管理者和建筑学界人士，对"国际化"和"西方化"的概念一直纠缠不清，很多时候误将"欧美式的西方化"当作"国际化"，从而致使将城市的国际化误认为是对西方城市风貌的模仿。然而，"国际化"应该更像是李泽厚所说的"西体中用"的"体"，即新时代的生产力（科技、技术、创新观念）等。所以，城市及建筑的国际化，应该是基于独特的地域文化，运用新的观念、技术等"西体"

---

① LEWIS MUMFORD. The City in History: Its Origins, its Transformations and its Prospects. Harcourt Brace Jovanovich, 1961: 116-117.

② 吴良镛. 基本理念·地域文化·时代模式: 对中国建筑发展道路的探索[J]. 建筑学报, 2002(2): 6-8.

③ 徐苏宁, 李弘玉. 在建筑现象的背后[J]. 建筑学报, 2001(12): 42-44.

④ 后现代倾向式的"欧式"风格，基本上采用玻璃幕墙加古典符号的方法，其古典符号基本没有作简化、抽象化处理，古典符号所占建筑的表面积较大；古典复兴的"欧式"风格，基本上以柱式、山花、女儿墙、穹顶等古典形式出现。

进行的地域化创新。

以上三种建筑现象，要么忽视了本土文化生态环境，要么视糟粕为良玉，要么盲目效仿，使建筑文化表达不当，不仅对维持现有的文化环境不利，还严重破坏了地域文化生态环境。所以，本书另一研究目的是拟形成适当的设计方法，针对建筑所处的文化生态环境，表达出合适的文化风貌。

1.1.3 系统方法缺乏——建筑文化表达的方法不足

目前，建筑文化表达在学术界以及建筑设计实践中正成为热点研究领域。然而，在众多研究成果中，建筑文化表达的方法研究不足，缺乏文化在建筑创作中具体表达方法的系统研究。

根据国内文献研究出发点的不同，可以将建筑文化表达方法归纳为三种类型。

一是以单一文化类型或现象为出发点，如特定地域的文化、民居文化、传统材料、文化空间等。此类研究以某一地域为限制点，注重特定"文化类型"的挖掘，并探讨建筑的转化与表达。如《向世界聚落学习》[①]，发掘特色聚落中的几何、空间、构造等具体类型，并进行建筑创作，而忽略了系统的表达方法。

二是以建筑文化性格为出发点，如建筑的纪念性、历史性、时代性等。此类研究以某一建筑文化气质为限制点，注重分析个体建筑的内在与文化表现，而淡化了具体的文化表达方法的研究。如《从选择到表达——当代文化建筑文化性塑造模式研究》，从建筑的文化性格定位研究出发，界定建筑创作中文化的内涵[②]。研究的思路可取，但是进一步的建筑文化表达创作方法研究不足。

三是以某一建筑类型为出发点，如博物馆、文化艺术中心等。此类研究以某一建筑类型为限制点，注重对建筑的类型特征研究，进而针对该类建筑形成创作方法。如《中国博物馆建筑与文化》[③]中，将博物馆的类型与特征作为研究重点，而缺乏系统文化的表达。

以上三种建筑文化的创作方法研究，各有侧重点，但都缺乏对建筑创作中文化的具体表达方法的系统研究。所以，本书的第三个研究目的，即试图探索建筑文化表达的系统方法，以期在地域建筑设计方法领域有所助益。

1.1.4 小结

针对建筑设计的现代侵蚀导致的文化生态失衡，建筑设计手法的"东施效颦"导致的建筑文化的表达不当，以及建筑文化表达的系统研究缺乏三个现实问题，本节基于文化生态的视角，重新解读建筑文化，并与生态学、文化生态学进行学科交叉研究，拟形成建筑文化的生态性表达方法，探讨建筑设计中如何传承优良的地域文化，针对建筑所处的文化生态环境，表达出合适的文化风貌，并推演建筑文化表达的系统方法。

① 王昀. 向世界聚落学习[M]. 北京: 中国建筑工业出版社, 2011.

② 何镜堂, 海佳, 郭卫宏. 从选择到表达: 当代文化建筑文化性塑造模式研究[J]. 建筑学报, 2012(12): 4.

③ 建筑创作杂志社. 中国博物馆建筑与文化[M]. 北京: 机械工业出版社, 2003.

1.2 文化及建筑文化相关的诸多理论研究

文化及建筑文化的相关研究，一大批的学者结合生态学、地理学、人类学、建筑学等学科，形成了丰富而精彩的研究理论，如文化生态学、文化地理学、文化人类学、建筑文化学等，梳理前人对文化交叉领域的研究，为本书的研究内容提供了方法论意义上的指导。

1.2.1 文化生态学相关研究

在本节中，首先，梳理了"文化"及其特性研究的现状；其次，回顾生态学理论及建筑领域发展；最后，引出文化生态学——文化与生态学的交叉学科。

1. 文化及其特性研究的现状

（1）文化的概念研究

文化的内涵丰富而复杂，其中，1952 年美国学者罗伯特即列举了 161 种文化定义。影响较为广泛的文化定义有：

1871 年，英国著名人类学家爱德华·泰勒在著作《原始文化》中将文化定义为"文化是一个复杂的总体，包括知识、信仰、艺术、道德、法律、风俗以及人类在社会里所得到的一切能力与习惯"[①]。此定义强调了文化的多样统一，即各种知识包罗万象的复合体。

1952 年，美国人类学家克罗伯（Alfred Louis Kroeber，1876—1960 年）和克莱德·克鲁克洪（Clyde Kluckhohn，1905—1960 年），在他们的著作《文化：概念和定义的批判考察》中将文化定义为"文化是通过符号而获得，并通过符号而传播的行为模型，这类模型有显型的和隐型的；其符号也像人工制品一样体现了人类的成就；在历史上形成和选择的传统思想，特别是所代表的价值观念，是文化的核心；文化系统一方面可以看作是行动的产物，另一方面又是进一步行动的制约因素"。此定义侧重文化的形成机制及作用特点，将文化定义为行为模型、符号载体、历史产物三个层次。

1980 年，《辞海》将文化定义为，广义指人类在社会历史实践中所创造的物质财富和精神财富的总和；狭义指社会的意识形态以及与之相适应的制度和组织机构[②]。此定义将文化的本质精练地概括统一。

基于对文化起源、演变、传播等不同特性的注重，衍生出多种社会学科，如：文化地理学、文化人类学、文化生态学等。

（2）注重分布与传播的文化地理学

文化地理学（Cultural Geography）是研究人类文化空间组合的人文地理学中的一个分

---

① 爱德华·泰勒. 原始文化[M]. 连树生，译. 上海: 上海文艺出版社，1992.

② 辞书编辑委员会. 辞海[M]. 上海: 上海辞书出版社，1979.

支学科。20 世纪 20 年代，文化地理学在美国加利福尼亚伯克莱大学诞生，文化地理学之父索尔（Carl O. Sauer）从景观入手，分析文化区的特征和范围①②。文化地理学将人文现象视为人类的文化创造，进而研究这些文化现象的空间特点和空间规律③。

文化地理学的基本研究内容为：文化起源④与传播⑤、文化区⑥、文化景观⑦、文化综合⑧⑨。文化地理学重点研究文化的文化区分布及其特征，以及文化区之间的传播与扩散规律。

（3）注重起源与演化的文化人类学

文化人类学（Cultural Anthropology）是研究人与文化的学科，或者也可以讲是从文化这个角度研究人的学科⑩。《简明不列颠百科全书》将其定义为："研究人类社会中的行为、信仰、习惯和社会组织的学科。⑪"

1901 年，美国学者 W.H.霍尔姆斯（W. H. Holmes），首次提出文化人类学这个术语，英文名为 Cultural Anthropology，其目的是从生物特性角度研究人的体质人类学（Physical Anthropolog）。

文化人类学研究人类各民族创造的文化，以揭示人类文化的本质。使用考古学、人种志、人种学、民俗学、语言学的方法、概念、资料，对全世界不同民族作出描述和分析。目前，文化人类学可以划分多种学派，较为重要的有：文化进化论学派⑫、文化与人格论学派⑬、结构主义人类学派以及解释人类学派等。

---

① SAUER C O. The Morphology of Landscape. University of California Publications. 1925.

② AGNEW J et al. Human Geography:An Essential Anthology. Oxford: Blackwell, 1996.

③ 周尚意. 文化地理学[M]. 北京: 高等教育出版社, 2004.

④ 文化起源：文化发源地的发展是建立在工具或武器的发明与更新的基础上。

⑤ 文化传播：传播方式有两种，即膨胀型与迁移型。膨胀型传播是指某种思想或发明在核心地得到发展，保持兴旺的同时还在向外传播，有传染型、等级型及刺激型三种形式；迁移型传播就是具有某种思想的人或集团从一地迁到另一地，分为占据式、蔓延式、墨渍式以及变异式。

⑥ 文化区：一种文化特征，并不一定是某一文化所特有的，但是每一种文化都有自己特有的文化特征的组合即文化综合体或文化区，分为形态文化区及功能文化区两种。形态文化区以一种盛行文化的特征或几种文化的综合特征加以规定，可见形态文化区的范围随着所采用的指标而变化；功能文化区在文化上不一致，而是一个已经组织起来并且有政治、社会或经济方面的功能作用的地区。

⑦ 文化景观：是文化集团在某居住区所创造的人为景观，是采用自然界所提供的材料塑造的。

⑧ 文化综合：文化的各方面要素在空间上是错综复杂的，每种文化要素之间及其与整体文化之间都是相互影响的，这种相互影响即为文化综合。

⑨ 张晶. 论文化地理学的基本理论与主要内容[J]. 人文地理, 1997(3): 39-43.

⑩ 夏建中. 文化人类学理论学派: 文化研究的历史[M]. 北京: 中国人民大学出版社, 1997.

⑪ 不列颠百科全书公司. 简明不列颠百科全书[M]. 北京: 中国大百科全书出版社, 1986.

⑫ 文化进化论学派：分为古典进化论学派和新进化论学派两种。古典进化论学派是受 19 世纪进化理论的影响，将文化视为同生物一样的"自然选择，适者生存"有机体，代表人物为爱德华·伯内特·泰勒（Edward Burnett Tylor, 1832—1917 年）。新进化论学派是在古典进化论学派的基础上，发展与完善文化的进化理论，将能源获取方式的不同作为文化进化的标志，以及不同于古典学派单线进化论，提出文化的多线进化论，代表人物为莱斯利·阿尔文·怀特（Leslie Alvin White, 1900—1975 年）、朱利安·海内斯·斯图尔德（Juliar Haynes Steward, 1902—1972 年）等。

⑬ 文化与人格论学派：也被称作"文化中的人格""心理人类学"，该学派强调文化因素与个人因素或由个人因素产生的心理事件存在着密切的联系，重点研究的是依文化而变化的个人，如个人是如何受到特定社会或文化要素的影响，如何在该文化的范围内构筑自己的人格等。该学派的代表人物有西格蒙德·弗洛伊德（Sigmund Freud, 1856—1939 年）、阿伯兰·卡迪纳（Abram Kandiner, 1891—1981 年）等。

2. 生态学理论与建筑领域发展

（1）生态学理论

生态学（Ecology）是德国生物学家恩斯特·海克尔（Ernst Heinrich Philipp August Haeckel）于 1866 年定义的一个概念：生态学是研究生物体与其周围环境（包括非生物环境和生物环境）相互关系的学科[①]。

生态学的发展大致可分为萌芽期、建立期、巩固期和现代期四个阶段[②]（图 1-1）。

生态学原先只是自然科学中生物科学的一个分支，现在，生态学的概念不论内涵和外延上都在不断地丰富和发展，并且突破了原先生物学的范畴，生态学现在已发展成为多元综合性学科。它涉及动物学、植物学、分类学、生理学、遗传学、行为学、气象学、地质学、社会学、物理学、数学模拟、遥控技术、经济、城乡建设等各个领域。

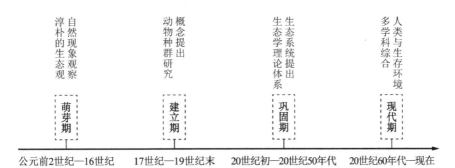

图 1-1　生态学发展脉络

（图片来源：作者自绘）

（2）注重区域生态的城市生态学

城市生态学（Urban Ecology）是由芝加哥学派的创始人帕克（Robert Ezra Park，1864—1944 年）于 20 世纪 20 年代提出[③]。城市生态学是以城市空间范围内生命系统和环境系统之间联系为研究对象的学科[④]。由于人是城市中生命成分的主体，因此，城市生态学也可以说是研究城市居民与城市环境之间相互关系的学科。

城市生态学的研究内容主要包括城市居民变动及其空间分布特征，城市物质和能量代谢功能及其与城市环境质量之间的关系（城市物流、能流及经济特征），城市自然系统的变化对城市环境的影响，城市生态的管理方法和有关交通、供水、废物处理等，城市自然生态的指标及其合理容量等。可见，城市生态学不仅仅是研究城市生态系统中的各种关系，更是为将城市建设成为一个有益于人类生活的生态系统寻求良策。

① EUGENE P ODUM, GARV W BARRETT. 生态学基础[M]. 5 版. 陆健健, 王伟, 王天慧, 等, 译. 北京: 高等教育出版社, 2009.

② 尚玉昌. 普通生态学[M]. 3 版. 北京: 北京大学出版社, 2010.

③ 沈清基. 城市生态环境：原理、方法与优化[M]. 北京: 中国建筑工业出版社, 2011.

④ 杨小波. 城市生态学[M]. 3 版. 北京: 科学出版社, 2014.

生态城市是按照生态学原理建立起来的一类社会、经济、信息、高效率利用且生态良性循环的人类聚居地。换句话说，就是把城市建设成一个人流、物流、能量流、信息流、经济活动流、交通运输流等畅通有序，文化、体育、学校、医疗等服务齐全，与自然环境协调、洁净的生态体系。所以城市生态学是根据生态学研究城市居民与城市环境之间相互关系的学科。

（3）注重单体生态的生态建筑学

保护人类的生活环境，顺应和保护自然生态，创造适宜人类生存与行为发展的物质环境、生物环境和社会环境，已成为当今世界具有迫切性的问题，生态建筑学的研究正是为了探讨这个问题而出现的，同时也是时代特征的表现，它既是生态学（包括社会生态学、城市生态学等）与建筑学交叉渗透的产物，又是自然科学的多学科和社会科学如美学、历史学、心理学等多学科更大规模结合的产物。

1956年，意大利建筑师帕欧罗·索列瑞（Paelo Soleri）提出了生态建筑学概念，研究城市的经济、文化、生态环境和能源等问题，并作了"大桥城市"的设想与实践。他主张保护生态平衡并保持城市和建筑的自身特征，把生态学（Ecology）和建筑学（Architecture）两个词并为一体，提出了生态建筑学（Acologies）这个新概念。

生态建筑学是建立在生态学的基础之上，是生态学与建筑学相结合的产物。它所研究的对象就是由于人的建筑活动所引起的环境变化中的一种由人、建筑、自然环境和社会环境所组成的人工生态系统，即建筑（空间）环境，也包括村镇环境和城镇环境等。这种环境变化破坏了历史上形成的人与自然的关系，破坏了生态平衡，这就使其研究目的首先是在已经改革的条件下争取对自然界的最优化关系，以一种新的形式，即人、建筑（城市）、自然和社会协调发展，利用改造自然环境，顺应和保护自然界的和谐，维护生态平衡，创造适于人们生存与行为发展的各种生态建筑环境[①]。

3. 文化生态学——文化与生态学的交叉学科

文化生态学（Cultural Ecology）是随着20世纪中期科学主义与人文主义由分立、对抗走向融合而发展起来的一门新兴学科，是文化学和生态学的交叉学科。美国文化人类学新进化学派著名学者朱利安·海内斯·斯图尔德（Juliar Haynes Steward，1902—1972年）于1955年在其理论著作《文化变迁理论：多线性变革的方法》中首次明确提出"文化生态学"的观点，此后，文化生态学积极吸取生态学、文化人类学、文化地理学、城市社会学等相关学科的理论营养，成为研究人类文化与环境之间相互关系的一门学科。

斯图尔德认为文化变迁就是文化适应，这是一个重要的创造过程，称为文化生态学：不同地域环境下文化的特征及其类型的起源，即人类的文化方式如何适应环境的自然资源、如何适应其他集团的生存，也就是适应自然环境与人文环境[②]。主张通过分析技术与环境的

---

① 荆其敏. 生态建筑学[J]. 建筑学报，2000(7): 6-11.

② 朱利安·海内斯·斯图尔德. 文化变迁理论：多线性变革的方法[M]. 张功启，译. 台北：远流出版事业股份有限公司，1989.

相互关系、分析用特定技术开发特定地区的行为方式以及确定环境开发中行为方式影响文化其他方面的程度等途径检验文化核心的环境适应，据此解析文化差异，并试图概括文化规律、文化变迁的原因。其理论核心是环境、技术与社会制度的因果关系理论。

文化生态学，是以人类在创造文化的过程中与天然环境及人造环境的相互关系为对象的一门学科，其使命是把握文化生成与文化环境的内在联系[1][2]。

现代文化生态学立足区域，从三个层面探讨区域文化群落与其地理环境的发生、发展及其内在规律（图 1-2）。宏观研究层面考察区域文化与其所在的地理环境关系；中观层面探讨文化三方面即物质文化、精神文化与制度文化相互渗透、互为表里的关系；微观研究面向物质文化、精神文化或制度文化等各文化层面，研究其内部各文化景观产生、发展的相互影响及其各自特质的形成与地理环境的景观感知、映射关系[3]。

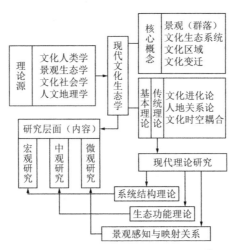

图 1-2 现代文化生态学的理论架构[3]

1.2.2 建筑文化及其表达方法研究

本节主要从三个方面综述建筑文化及其表达方法研究现状：首先，回顾国内建筑文化的概念研究；其次，对国内建筑文化及其表达方法研究现状进行综述，其中，包含文化生态学理念在建筑相关领域的研究现状；最后，对国外学科交叉视野下的设计理论进行研究。

1. 国内建筑文化概念研究

建筑文化的概念，在国外一直没有明确的定义，然而"建筑与文化""城市与文化""地域建筑"等主题，是现代主义之后的 20 世纪 80 年代国外研究的主题。在国内改革开放后，

① 冯天愈. 文化生态学论纲[J]. 知识工程, 1994(4): 13-24.

② 侯鑫. 基于文化生态学的城市空间理论研究[D]. 天津：天津大学, 2004.

③ 江金波. 论文化生态学的理论发展与新构架[J]. 人文地理, 2005(4): 119-124.

与世界建筑学界交流的过程中，形成了中国 20 世纪 80 年代后期建筑文化研究的浪潮，逐渐明晰了建筑文化概念的定义，并形成了"建筑文化学"理论研究热点。

1989 年，吴良镛先生在其出版的《广义建筑学》中，这样理解建筑文化："各时代的建设成果，乃是人类建筑文化的创造过程，今天的建筑文物、历史城市乃是过去城市文化的主要积淀之一。[1]"

1993 年，顾孟潮先生，在其文章《论建筑文化学的研究》中，将建筑文化的基本含义归纳为："建筑文化，是有关建筑环境一切构成因素（包括人、人造物、自然物）的存在方式、变化规律，以及其适应控制、调整、创造、保护的文化。[2]"

1995 年，徐千里先生在文章《民族性与地方性——建筑文化的重要维度》中，这样理解建筑文化："就建筑而言，作为一种文化活动，与其他文化一样，从本质上说都是人们本身固有标准或本质力量物化的产物，有着强烈的社会特征和民族特征。[3]"

2000 年，著名建筑评论家、建筑文化研究学者高介华先生，在其文章《关于建筑文化学的研究》中，将建筑文化定义为："建筑文化即人类社会历史实践过程中所创造的建筑物质财富和建筑精神财富的总和。"高先生作了进一步的阐释："建筑文化又是人类建筑活动的方式和建筑产品的总和，是社会文化总结构中的一个局部层次，具有自己的对象和内涵。建筑文化具有一定的民族文化特征，受民族历史传统、民族心理、民俗、社会发展及生态环境等方面的制约。相对于不同民族文化，又具有多元特点。[4]"高介华先生在其文章中，详细归纳与总结了国内十多年来"建筑文化学"的研究成果与理论框架模型（图 1-3）。

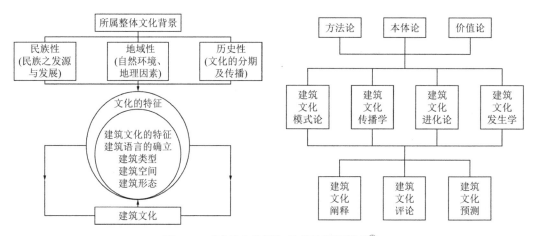

图 1-3　"建筑文化学"的理论框架模型[4]

① 吴良镛. 广义建筑学[M]. 北京: 清华大学出版社, 1989: 49.

② 顾孟潮. 论建筑文化学的研究[J]. 华中建筑, 1993(2): 1-3.

③ 徐千里. 民族性与地方性: 建筑文化的重要维度[J]. 四川建筑, 1995(3): 7-10.

④ 高介华. 关于建筑文化学的研究[J]. 重庆建筑大学学报（社科版）, 2000(3): 66-74.

2009 年，在《城市建筑》杂志的一篇主题专栏文章《文化建筑与建筑文化》中，多位学者阐述了对建筑文化的理解。其中：

重庆大学卢峰教授，将建筑文化归纳为"建筑所表达的文化现象，是城市文化的重要组成部分，是体现文化特色的特定领域"。

东南大学龚恺教授，将建筑文化理解为"一种设计的文化，而不是借用一种文化来谈论建筑"。

昆明理工大学翟辉教授，将建筑文化解释为"本质核心是由传统建筑思想（即源自历史和由历史选择的人居思想）及其符号、意义组成，在'时间连续统'中形成了传统与历史的观念，而在'空间连续统'中形成了场域与族类的观念；建筑既是当时文化的产物，也可能是不同时期文化的再生"[①]。

2. 国内建筑文化及其表达方法研究

在当前国内建筑学领域的相关研究成果中，对文化的传承、表达及设计方法的研究文献颇丰，根据着重点的不同，可以划分为：注重地域文化的发掘与应用研究；注重单一文化类型的表达方法研究；注重不同建筑类型的文化表达研究；注重学科间交叉的创新性研究；建筑文化与文化生态学的交叉研究。

（1）注重地域文化的发掘与应用研究

广阔的地理环境与多样的民族传统，造就了多彩而富有特色的地域文化。再者，随着社会文明的持续进步，人们对于生活环境的文化认同需求日渐强烈。所以，对于特定地域文化的发掘及在建筑设计中的应用研究成为热点之一，详见表 1-1。方志戎的《川西林盘文化要义》，挖掘林盘文化的乡土特色与人文价值，探讨川西平原新农村建设模式；郑东军的《中原文化与河南地域建筑研究》，梳理了河南与中原文化关系，探索河南地域建筑的传承与再生；杨宇振的《中国西南地域建筑文化研究》，剖析了西南地域中存在的"文化类型"及其对应的地理空间范围，论证了"邓笼""干栏""合院"是西南地域建筑生态圈中的三大"建筑物种"，并阐述了其主要特征及不同气候条件下制约建筑的各项因素；吴樱的《巴蜀传统建筑地域特色研究》，从巴蜀地理环境与地域文化背景出发，分类概述巴蜀传统建筑的特色，探究巴蜀传统建筑与地域自然地理环境的联系；高萌的《东北三个少数民族传统文化的建筑表达研究》，从建筑类型学与建筑符号学两个角度提出了若干以建筑语言表达三个民族传统文化的具体方法；王如欣的《燕赵传统文化符码的现代建筑表达》，试图将燕赵传统文化符码在建筑上表达，建筑创作可以通过运用地域传统文化的思想内涵以及物质的符码系统地表达展现地域传统文化特色。

---

① 卢峰, 等. 文化建筑与建筑文化[J]. 城市建筑, 2009(9): 6-8.

注重地域文化发掘与应用的研究文献及其要点 表 1-1

序号	研究课题	作者	主要内容
1	《川西林盘文化要义》	方志戎,重庆大学博士论文,2012	挖掘林盘文化的乡土特色与人文价值,探讨川西平原新农村建设模式
2	《中原文化与河南地域建筑研究》	郑东军,天津大学博士论文,2008	梳理河南与中原文化的关系,探索河南地域建筑的传承与再生
3	《中国西南地域建筑文化研究》	杨宇振,重庆大学博士论文,2002	剖析了西南地域中存在的"文化类型"及其对应的地理空间范围,论证了"邓笼""干栏""合院"是西南地域建筑生态圈中的三大"建筑物种",并阐述了其主要特征及不同气候条件下制约建筑的各项因素
4	《巴蜀传统建筑地域特色研究》	吴樱,重庆大学硕士论文,2007	从巴蜀地理环境与地域文化背景出发,分类概述巴蜀传统建筑的特色,探究巴蜀传统建筑与地域自然地理环境的联系,分析传统思想、民族民俗文化以及生活方式与习俗对巴蜀传统建筑地域特色的影响,从客观条件分析,延展到思想文化层面,最后提出"寻找有活力的地域建筑文化"
5	《东北三个少数民族传统文化的建筑表达研究》	高萌,哈尔滨工业大学硕士论文,2008	从建筑类型学与建筑符号学两个角度提出了若干以建筑语言表达三个民族传统文化的具体方法
6	《燕赵传统文化符码的现代建筑表达》	王如欣,哈尔滨工业大学硕士论文,2010	燕赵传统文化可以通过建筑文化符码在建筑上得到充分表达;建筑创作可以通过运用地域传统文化的思想内涵以及物质的符码系统地表达展现地域传统文化特色

（2）注重单一文化类型的表达方法研究

文化种类繁多,在一些学术论文中注重某种文化类型的建筑表达,详见表 1-2。鲍英华的《意境文化传承下的建筑空白研究》,从哲学、心理学以及美学的角度来进行分析和架构空白与建筑意境生成的共生体系,并探寻建筑意境的营造及相应的建筑空白设计策略；袁牧的《中国当代汉地佛教建筑研究》,以中国当代汉地佛教建筑为研究对象,探索具有中国特色的现代建筑创新、佛教文化内涵、佛教文化建筑的创作思路；翟艳的《庭院文化空间与设计元素的研究》,分析了我国传统庭院的空间划分及空间平面格局、构成的要素以及传统的民族文化意境的产生与实践运用,并归纳了现代庭院设计常用的要素和处理手段；于利娜的《中国传统建筑元素——照壁研究》,从照壁的艺术形式、空间作用以及在文化韵味和民间传统中的独特成就等多角度出发,阐述了照壁这个传统建筑元素的文化性和功能性,更为重要的是通过对照壁的系统研究探索它对当代设计的意义；刘烁的《客家建筑文化在当代建筑设计中的传承与发展研究》,分析和研究新客家建筑的发展动因、理论依据,归纳和总结其创作意境、设计构思、设计手法及实际效果,并最终为新时期传统客家文化的延续及新客家建筑的发展指明方向；刘晶晶的《云南"一颗印"民居的演变与发展探析》,讨论"一颗印"民居发展的过程及其演变特点,以及它和其他合院式民居形态之间的差异,并讨论"一颗印"民居现存的困境与出路以及对现代住宅设计的启示和意义。

注重单一文化类型表达的研究文献及其要点　　　　表 1-2

（表格来源：作者自绘）

序号	研究课题	作者	主要内容
1	《意境文化传承下的建筑空白研究》	鲍英华,哈尔滨工业大学博士论文,2009	从哲学、心理学以及美学的角度分析和架构空白与建筑意境生成的共生体系,并探寻建筑意境的营造及相应的建筑空白设计策略
2	《中国当代汉地佛教建筑研究》	袁牧,清华大学博士论文,2008	以中国当代汉地佛教建筑为研究对象,探索具有中国特色的现代建筑创新、佛教文化内涵、佛教文化建筑的创作思路
3	《庭院文化空间与设计元素的研究》	翟艳,中央美术学院硕士论文,2007	分析了我国传统庭院的空间划分及空间平面格局、构成的要素以及传统的民族文化意境的产生与实践运用,并归纳了现代庭院设计常用的要素和处理手段
4	《中国传统建筑元素——照壁研究》	于利娜,西安建筑科技大学硕士论文,2008	从照壁的艺术形式、空间作用以及在文化韵味和民间传统中的独特成就等多角度出发,阐述了照壁这个传统建筑元素的文化性和功能性,更为重要的是通过对照壁的系统研究探索它对当代设计的意义
5	《客家建筑文化在当代建筑设计中的传承与发展研究》	刘烁,华南理工大学硕士论文,2010	分析和研究新客家建筑的发展动因、理论依据,归纳和总结其创作意境、设计构思、设计手法及实际效果,并最终为新时期传统客家文化的延续及新客家建筑的发展指明方向
6	《云南"一颗印"民居的演变与发展探析》	刘晶晶,昆明理工大学硕士论文,2008	讨论"一颗印"民居发展的过程及其演变特点,以及它和其他合院式民居形态之间的差异,并讨论"一颗印"民居现存的困境与出路以及对现代住宅设计的启示和意义

（3）注重不同建筑类型的文化表达研究

在不同的建筑类型中,文化的表达方式也有明显的不同,一些论文即以不同的建筑类型为研究侧重点,详见表 1-3。何川的《探寻城市文化的建筑表达——以文化艺术中心设计为例》,表达城市文化的文化艺术中心设计策略,结合相应的国内外案例给出了文化艺术中心对城市文化表达的具体方法;姜利勇的《高层建筑文化特质及设计创意研究》,从高层建筑文化特质创意的哲学视角,探索高层建筑文化特质创意实践方法和策略;谢蓓的《主题酒店的地域文化性设计研究》,对主题酒店以及地域文化性建筑的概述和相关要素进行研究,分析归纳了酒店地域文化性主题的设计策略;高原的《当代博物馆地域文化建筑表达研究》,通过案例分析,从地域元素入手,探讨其与建筑创作之间的互动关系,揭示博物馆的地域性特征,总结归纳出一系列地域文化建筑表达的手法;张川的《基于地域文化的场所设计》,从地域的自然环境、传统、民族、宗教、技术与材料、景观形态及设计者的素质等诸多方面阐述园林场所的地域文化体现。

注重不同建筑类型文化表达的研究文献及其要点　　　　表 1-3

序号	研究课题	作者	主要内容
1	《探寻城市文化的建筑表达——以文化艺术中心设计为例》	何川,重庆大学硕士论文,2012	表达城市文化的文化艺术中心设计策略,结合相应的国内外案例给出了文化艺术中心对城市文化表达的具体方法

序号	研究课题	作者	主要内容
2	《高层建筑文化特质及设计创意研究》	姜利勇，重庆大学博士论文，2009	从高层建筑文化特质创意的哲学视角，探索高层建筑文化特质创意实践方法和策略
3	《主题酒店的地域文化性设计研究》	谢蓓，重庆大学硕士论文，2012	对主题酒店以及地域文化性建筑的概述和相关要素进行研究，分析归纳了酒店地域文化性主题的设计策略
4	《当代博物馆地域文化建筑表达研究》	高原，哈尔滨工业大学硕士论文，2010	通过案例分析，从地域元素入手，探讨其与建筑创作之间的互动关系，揭示博物馆的地域性特征，总结归纳出一系列地域文化建筑表达的手法
5	《基于地域文化的场所设计》	张川，南京林业大学硕士论文，2006	从地域的自然环境、传统、民族、宗教、技术与材料、景观形态及设计者的素质等诸多方面阐述园林场所的地域文化体现

（4）注重学科间交叉的创新性研究

基于不同学科的相关理论，一些论文形成了创新性研究成果，这也是目前建筑领域博士论文理论创新的途径之一，详见表1-4。毛兵的《中国传统建筑空间修辞研究》，引用语言"修辞"的理论较为条理地归纳了中国传统建筑空间的创作方法；李建华的《西南聚落形态的文化学诠释》，基于西南文化生态层级理论，对西南聚落形态进行多角度分析与诠释，并将研究拓展至西南地区聚落的保护与更新、西南地域建筑文化的新秩序以及对建筑设计的启迪等层面；王瑜的《外来建筑文化在岭南的传播及其影响研究》，运用传播学理论，建立了外来建筑文化在岭南传播与影响的范式，总结与揭示了外来建筑文化在岭南传播的基本规律，同时指出在全球化语境下外来建筑文化传播的多元化，以及建筑文化趋同的现象。

注重学科间交叉的创新性研究的文献及其要点　　　　　表 1-4

序号	研究课题	作者	主要内容
1	《中国传统建筑空间修辞研究》	毛兵，西安建筑科技大学博士论文，2008	引用语言"修辞"的理论较为条理地归纳了中国传统建筑空间的创作方法
2	《西南聚落形态的文化学诠释》	李建华，重庆大学博士论文，2010	基于西南文化生态层级理论，对西南聚落形态进行多角度分析与诠释，并将研究拓展至西南地区聚落的保护与更新、西南地域建筑文化的新秩序以及对建筑设计的启迪等层面
3	《外来建筑文化在岭南的传播及其影响研究》	王瑜，华南理工大学博士论文，2012	运用传播学理论，建立了外来建筑文化在岭南传播与影响的范式，总结与揭示了外来建筑文化在岭南传播的基本规律，同时指出在全球化语境下外来建筑文化传播的多元化，以及建筑文化趋同的现象

（5）建筑文化与文化生态学的交叉研究

因文化生态学的研究重点在于文化与环境之间的适应关系，以及文化演变过程，所以，文化生态学在建筑领域的应用研究，主要体现在聚落、民居的文化演变、历史地区的保护更新等，在建筑设计上的研究较少，详见表1-5。李建华等的《文化生态层级理论下的西南聚落形态——以大理喜洲聚落为例》，以喜洲聚落为例，引入文化生态学有助于拓展西南聚落文化研究的视域，文化生态层级理论的建构则可对聚落形态与类型进行深层分析。李政与曾坚的《胶东传统民居与海上丝绸之路——文化生态学视野下的沿海聚落文化生成机理研究》，运用文化生态学原理，通过对胶东传统民居聚落形式与形态的实地考察，从微观角度入手，拓展到人们的传统观念、习俗、生活方式以及社会、经济、宗教等地域文化圈的宏观层次进行分析与研究。郭谌达的《文化生态学视角下的传统村落张谷英村空间研究》，借鉴文化生态学的视角，从物质空间、精神空间和社会空间三个方面分别挖掘张谷英村的空间内容，并分析了这三类空间的特征及其所蕴含的空间内涵，最后有针对性地提出张谷英村的空间保护原则。张邹的《文化生态学视角下重庆滨江历史地段保护更新研究》，引借文化生态学的理念探讨滨江历史地段的保护更新方法。张玭的《基于文化生态学的格凸河苗寨文化保护与开发策略研究》，运用文化生态学的理论对苗寨文化生态结构进行建构，更准确地把握其特质，明确重点保护的内容和对象，提出格凸河苗寨的保护开发策略。董竞瑶的《文化生态学对建筑设计的启示》，尝试从人类学家斯图尔德所定义的文化生态学源头推演出其在建筑领域的主要表现特征——多样性、适应性、朴素性，并对其进行阐述。

文化生态学在建筑领域的应用研究文献及其要点　　　　　　　表 1-5

序号	研究课题	作者	主要内容
1	《文化生态层级理论下的西南聚落形态——以大理喜洲聚落为例》	李建华，夏莉莉，建筑学报，2010	以喜洲聚落为例，引入文化生态学有助于拓展西南聚落文化研究的视域，文化生态层级理论的建构则可对聚落形态与类型进行深层分析
2	《胶东传统民居与海上丝绸之路——文化生态学视野下的沿海聚落文化生成机理研究》	李政，曾坚，建筑师，2005	运用文化生态学原理，通过对胶东传统民居聚落形式与形态的实地考察，从微观角度入手，拓展到人们的传统观念、习俗、生活方式以及社会、经济、宗教等地域文化圈的宏观层次进行分析与研究
3	《文化生态学视角下的传统村落张谷英村空间研究》	郭谌达，华中建筑，2016	借鉴文化生态学的视角，从物质空间、精神空间和社会空间三个方面分别挖掘张谷英村的空间内容，并分析了这三类空间的特征及其所蕴含的空间内涵，最后有针对性地提出张谷英村的空间保护原则
4	《文化生态学视角下重庆滨江历史地段保护更新研究》	张邹，重庆大学硕士论文，2011	引借文化生态学的理念探讨滨江历史地段的保护更新方法
5	《基于文化生态学的格凸河苗寨文化保护与开发策略研究》	张玭，重庆大学硕士论文，2014	运用文化生态学的理论对苗寨文化生态结构进行建构，更准确地把握其特质，明确重点保护的内容和对象，提出格凸河苗寨的保护开发策略
6	《文化生态学对建筑设计的启示》	董竞瑶，建筑与文化，2015	尝试从人类学家斯图尔德所定义的文化生态学源头推演出其在建筑领域的主要表现特征——多样性、适应性、朴素性，并对其进行阐述

3. 国外学科交叉视野下的设计理论研究

（1）文脉主义建筑观——建筑文化的环境关联

20 世纪 60 年代末，文脉思想被正式运用到建筑实践中，与之一起出现的还有后现代主义。文脉主义的出现，是对现代建筑运动极度忽视城市与建筑历史文脉的反叛，并重新审视建筑实践中的文脉传承。

文脉（Context）一词最早来源于语言学中的定义。顾名思义，用来表达语言中的内在联系，甚至有人将它翻译为"上下文"。广义上来讲，文脉是指局部与整体的对话内在联系，引申到建筑上，则指人与建筑的关系、建筑与城市的关系等。强调建筑的文脉，即单体建筑是群体的一方面，注重新、老建筑在视觉、心理、环境上的延续性，提倡与历史、文化环境有机融为一体的同时，通过对传统的扬弃不断推陈出新。从而上升到哲学高度的文脉，即称之为文脉主义[①]。

文脉主义建筑的代表人物，同时他们也是后现代主义建筑的代表，有：罗伯特·斯特恩（R.A.M.Stern）、文丘里（R.Venturi）、查尔斯·穆尔（C.Moore）。他们认为建筑形式的语言不应该抽象地独立于外部世界，而必须依靠和植根于周围的环境中，能与历史传统引起关联，不排除对古代装饰的模仿与直接引用。就像穆尔所说："建筑应该在空间上、时间上以及事物的相互关系上强调地方感，要让人们知道他们究竟在哪里。"[②]

（2）建筑符号学——建筑文化的表层象征

符号学理论（A Theory of Semiotics）由瑞士语言学家索绪尔（Ferdinand de Saussure）在 20 世纪创立，由皮尔斯（C.S.Peirce）与莫里斯（Charles William Morris）进行了拓展。他们认为人们对世界的认识都是通过符号现象获得的。这种思想得到了建筑理论界的共鸣。

建筑符号学（Architectural Semiotics）在 20 世纪 70 年代的美国建筑界颇为流行，主要建筑师有勃罗德彭特（Geoffrey Broadbent）和詹克斯（Charles Jencks）。他们认为一切建筑的意义都是由符号的表现而产生，如果建筑失去了符号的表达精神，也就会失去意义。因此，在建筑创作中必须重视建筑符号在三个方面的功能：建筑符号的结构功能、建筑符号的意义功能、建筑符号的应用功能。建筑符号的意义是文化的象征，它能引起人们的联想。

建筑符号与语言符号一样，具有表层结构与深层结构的双重属性。如果忽视深层结构的把握，而一味地追求表层结构的结果，必然导致形式主义。符号结构的类型大致可以分为三种：几何形符号、历史性符号、抽象性符号[③]。

建筑符号的研究可以让我们在一个新的层次上全面而深入地思考建筑，认识建筑的意义。但是，建筑的文化意义与语言毕竟是不同的，符号学的直接借鉴与运用，最终使建筑停留在对古典建筑元素与历史符号的肤浅运用上，而不能传其神。

（3）建筑类型学——建筑文化的类型逻辑

建筑类型学（Architectural Typology）作为一种分类组合的方法理论，在建筑设计中具有广泛的基础，符合地域性及历史文化的特征，目前它已成为建筑学理论不可缺少的一支。其中，以罗西的建筑类型学研究为代表，它立足于对传统建筑的学习和理解，从历史文化的积淀中形成对类型的认识，寻找基于文化与历史发展逻辑下的形式创造依据和生成原则，

---

① 刘先觉. 现代建筑理论[M]. 2 版. 北京: 中国建筑工业出版社, 2008: 41.

② Kevin Lynch. The Image of The City[M]. Cambridge: The MIT Press, 1960.

③ 刘先觉. 现代建筑理论[M]. 2 版. 北京: 中国建筑工业出版社, 2008: 33.

对建筑的发展与传承进行了深层次的思考①。

（4）批判性地域主义——建筑文化的扬弃创新

批判性地域主义（Critical Regionalism）是区别于地域主义②（Regionalism）的地域性学派。批判性地域主义与地域主义的共同点，在于均注重建筑对地域特色的认同，而区别在于前者同时接受现代社会的技术发展，强调当代技术与文脉的并重，反对古典主义与批判地看待现代主义。从哲学深度理解，批判性地域主义并不是绝对地看待地域与现代的矛盾，而是基于对自身反思与自我批判的辩证思维。

其中的代表人物有亚历山大·楚尼斯（Alexander Tzonis），在 1980 年首次提出批判性地域主义的概念③，是在抵抗现代建筑文化全球泛滥的同时对地域建筑文化自身的再创造④。同样，1980 年，肯尼斯·弗兰姆普敦（Kenneth Frampton）在其著作《现代建筑：一部批判的历史（第四版）》中，将批判性地域主义视为现代主义之后的一种建筑设计倾向⑤。

（5）建筑现象学——建筑文化的场所精神

建筑现象学（Phenomenology of Architecture）是根据德国哲学家埃德蒙·胡塞尔（Edmund Husserl）的现象学原理和马丁·海德格尔（Martin Heidegger）的存在哲学思想来对建筑进行分析与应用的。建筑现象学的主要目的是探求建筑的本质，认识建筑的意义，不仅要重视建筑的物质属性，还要重视建筑的文化与精神作用，重视生活环境的场所精神，这正是建筑的现象学价值所在。建筑现象学研究的方法就是凭借直觉从现象中直接发现本质的内涵。舒尔茨（Christian Norberg Schulz）在《场所精神》中创立的建筑现象学不仅是考察建筑的一种重要方法，也是为了建立一种新的建筑理论来深刻认识建筑的意义，达到保护与创造有意义的建筑环境的目的。

舒尔茨认为建筑现象是环境现象的反映，而环境现象应该包括自然环境、人造环境与场所三个方面。"场所精神"是舒尔茨的建筑现象学核心。场所是一个环境术语，意味着由自然环境和人造环境组成的有意义的整体。场所不仅具有物质形体，而且蕴含着精神意义。

场所精神在历史中是发展的，因此，尊重和保持场所精神并不意味着固守和重复原有的具体结构和特征，而是一种对历史的积极参与，这正是场所精神的最根本意义⑥。

（6）有机建筑——一种活着的传统

有机建筑（Organic Architecture）是一种建筑的内在生成逻辑，一种建筑设计哲学，而非某种特定的风格与形式。最初，美国建筑大师赖特（Frank Lloyd Wright）提出了有机

---

① 罗小未. 外国近现代建筑史[M]. 2 版. 北京：中国建筑工业出版社，2000: 347-350.

② 地域主义（Regionalism），是指建筑上吸收本地区民族的、民俗的风格，在建筑中体现出一定的地方特色的设计思潮。

③ 亚历山大·楚尼斯，利亚纳·勒费弗尔. 批判性地域主义[M]. 王丙辰，译. 北京：中国建筑工业出版社，2007.

④ 陈少武，刘兴. 浅谈对批判地域主义的理解[J]. 华中建筑，2011(5): 12-13.

⑤ 肯尼斯·弗兰姆普敦. 现代建筑：一部批判的历史[M]. 4 版. 张钦楠，等，译. 北京：生活·读书·新知三联书店，2012.

⑥ 刘先觉. 现代建筑理论[M]. 2 版. 北京：中国建筑工业出版社，2008: 32.

建筑思想，将建筑视为一个有机生命体，与建筑间的自然环境发生关系，不仅是建筑的形态，建筑材料、纹理等都要顺应自然脉络，使建筑与自然融为一体，强调建筑与自然的和谐共生[①]。

有机建筑是一种活着的传统，它正向一些新的方向发展。戴维·皮尔逊（David Pearson）在其著作《新有机建筑》中说："各种现代与传统材料都能够有机地加以运用，新型轻巧的拉膜结构是模仿印第安人的圆锥形帐篷设计的，现代曲面夯土式麦秆束墙体及拱顶则是一种古老乡土传统的回归。[②]" 有机设计的一个独特品质在于它是一种连续的、永无止境的过程，不断地处于变化之中。

1.2.3　研究现状总结

1. 研究现状与动态

（1）生态学研究领域，已经形成了完善与系统的理论与方法体系，对自然界的各类生态系统进行科学地研究。随着生态学理论在城市、建筑等领域的运用，亦形成了城市生态学、建筑生态学等系统的研究理论。

（2）文化研究领域，在人类学、地理学、传播学、生态学等多学科交叉研究的基础上，形成了多种不同文化特性侧重点的系统研究理论。

（3）建筑文化研究领域，经过多年的热点研究，形成了建筑文化学等系统化的理论模型。当前，建筑文化及其表达方法研究，在与语言学、符号学、类型学、现象学等理论不断交融的基础上，呈现出地域化、类型化、学科交叉的多元研究态势。

2. 现状不足

（1）建筑设计研究领域与文化生态学的交叉研究缺乏。在文化学研究中，经过与生态学交叉，形成了以文化生态学为概念的全新文化研究领域。然而，在国内建筑文化研究领域，除了少数将文化生态学理念运用到民居、聚落、历史街区的文化肌理分析、保护等研究中，以及少数探讨文化生态学对建筑设计的启示等研究外，并没有对基于文化生态学理念的建筑文化表达方法进行系统研究。

（2）传统建筑文化及其设计理论研究，要么侧重不同理念，要么缺乏系统研究方法。在国内众多的研究成果中，建筑文化表达的方法研究不足，缺乏文化在建筑创作中具体表达方法的系统研究。在国外的建筑设计理论中，文脉主义建筑观、建筑符号学、建筑类型学、建筑现象学，在与语言学、类型学、符号学、现象学等理论交叉研究的基础上，形成了特色鲜明的系统设计方法。但是，批判性地域主义、有机建筑，则重点强调设计观念，

① 李世苏, 冯路. 新有机建筑设计观念与方法研究[J]. 建筑学报, 2008(9): 14-17.

② 戴维·皮尔逊. 新有机建筑[M]. 董卫, 等, 译. 南京: 江苏科技出版社, 2003.

而非系统的设计方法。

1.3 建筑文化的生态学启示

本书的研究内容尝试区别于传统建筑文化及其设计理论中，运用语言学、类型学、符号学等学科的交叉研究，试图基于文化生态理念，运用生态学的研究方法，研究地域文化在建筑设计中的表达方法，以期达到一定的方法与理论创新；另外尝试区别于文脉主义、批判性地域主义建筑中重观念轻系统方法的研究思路，拟形成建筑文化生态性表达的系统化设计方法。

因此，本书的研究重点是，在文化生态学的理论与方法启示基础上，探讨如何将地域文化特征协调地进行表达，并具体到建筑设计方法的研究。

1.3.1 文化生态理念

文化，广义指人类在社会历史实践中所创造的物质财富和精神财富的总和；狭义指社会的意识形态以及与之相适应的制度和组织机构[①]。在文化定义的基础上，建筑文化可以理解为"人类社会历史实践过程中所创造的建筑物质财富和建筑精神财富的总和"[②]。此定义将建筑文化视为文化领域中的建筑类型，是对建筑文化本质意义上的归纳。文中出现的建筑文化指：建筑中所蕴含的地域性文化特征。

生态（Ecology），一般理解为：生物在一定的自然环境下生存的状态，也指生物的生理特性和生活习惯[③]。生态学（Ecology）是研究关系的学说，研究有机体之间、有机体与环境之间的相互关系[④]。其重要学科目的是指导人与生物圈（即自然、资源及环境）协调发展[⑤]。

文化生态学（Cultural Ecology），则是以人类在创造文化的过程中与天然环境及人造环境的相互关系为研究对象的一门学科，其使命是把握文化生成与文化环境的内在联系[⑥]。

进而，本书中的文化生态理念一词体现在两个层面：一是指文化生态学的理论基础，即文化学与生态学交叉研究的方法启示；二是指某种理想状态的概念，即建筑文化与文化

① 引自《现代汉语词典》中关于"文化"的释义。

② 杨宏烈. 新的地域性建筑文化创作之路[G]//建筑与文化论集: 第三卷. 武汉: 华中理工大学出版社, 1994: 262.

③ 引自《现代汉语词典》中关于"生态"的释义。

④ 刘先觉. 现代建筑理论[M]. 2 版. 北京: 中国建筑工业出版社, 2008.

⑤ 沈青基. 城市生态环境：原理、方法与优化[M]. 北京: 中国建筑工业出版社, 2011.

⑥ 冯天愈. 文化生态学论纲[J]. 知识工程, 1994(4): 13-24.

生态环境之间的协调、和谐状态。

1.3.2　主要研究内容

本书主要研究内容可以归纳为三点：

（1）基于文化生态理论的转换，提取建筑文化的生态要素（详见第 3 章）。本书突破传统建筑文化及其表达方法研究中，以语言学、类型学、符号学等方法为基础的建筑理论研究，基于文化生态理念之独特视角，运用生态学、文化生态学的相关理论与方法，引入生态学中的原理、概念来解析建筑文化，进而转换为建筑文化的生态要素，包括：建筑文化生态因子、建筑文化生态位、建筑文化限制因子、建筑文化生态型、建筑文化生态基因、建筑文化的生态进化等，并在此基础上，建构了建筑文化的生态性表达路径，为进一步研究建筑设计方法建构理论基础。

（2）系统归纳、推演出建筑文化之生态性表达方法，并归类出对应文化原型的九种建筑设计手法（详见第 6 章）。首先，基于建筑文化的生态要素、表达路径建构，以及生态模式等前期结论，推演建筑文化的生态性表达之程式化设计方法，形成文化分析、选择、提取、表达四步生态性设计法，即：建筑文化生态位分析、建筑文化的限制因子分析、文化生态原型提取、文化原型的生态进化与转化表达。其次，将生物在适应环境变化中的不同进化模式，转换运用到建筑文化中，提出"显性""隐性"原型及其处理手法，针对"显性"文化原型（形式原型、材质原型、空间原型），解析归类出简式进化、复式进化、趋同进化、趋异进化、镶嵌进化、特式进化六种建筑设计手法；针对"隐性"文化原型（观念原型、历史原型），解析归类出实体化、空间化、抽象化三种建筑设计手法。该方法具有两个特征：一是注重建筑文化的生态性定位与选择，即基地环境需要该建筑表达什么样的文化；二是注重建筑文化的生态性表达与处理，即文化原型处理手法的生态性。

（3）基于文化生态型案例解析出建筑文化的生态适应模式，并形成案例库（详见第 4 章及附录）。基于前文建筑文化的生态要素解析，筛选出 70 个文化生态型建筑案例，解析每个案例具体的适应因素与方法，并整理归类，总结出三大类、九小类建筑文化的生态适应模式。进而，根据第 6 章中的建筑文化的生态性表达方法，采用建筑文化生态位、建筑文化限制因子、文化生态原型、生态性表达四个步骤，详细解析了文化生态型建筑案例的生成过程，并形成了附录中的案例分析库。

1.3.3　研究框架

本书的研究框架，可以归纳为分析现状、提出问题、分析问题、研究问题以及得出结论五个步骤，分别对应为不同章节（图 1-4）。

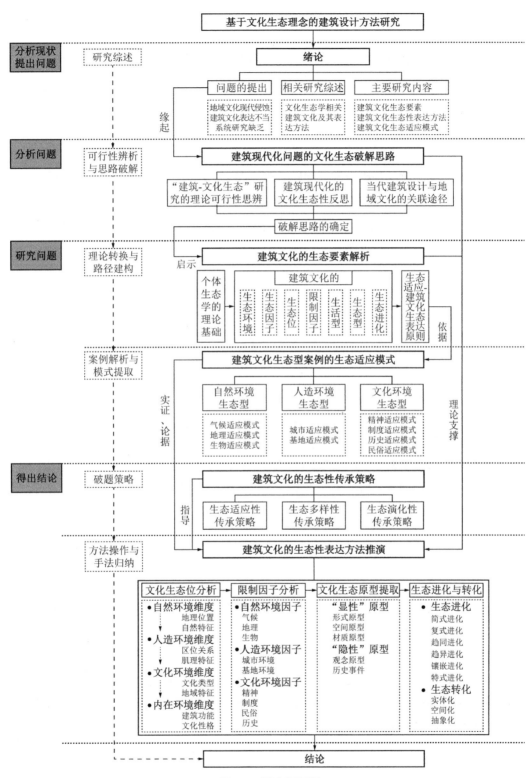

图 1-4　研究框架图

（图片来源：作者自绘）

1. 分析现状与提出问题：研究综述（第 1 章）

本章节在分析现状的基础上，提出当今建筑设计中存在的地域文化现代侵蚀、建筑文化表达不当、建筑文化表达方法系统研究缺乏三个问题，并对相关研究进行综述总结，提出本书的研究框架。

2. 分析问题：可行性辨析与思路破解（第 2 章）

本章节在三个问题的基础上进行问题分析，首先，辨析"建筑-文化生态"研究的理论可行性；然后，运用"文化生态学"的研究观念，反思建筑现代化的文化生态性失衡问题，并分析当代建筑设计与地域文化关联的具体途径；最后进行交叉分析，归纳出本书研究的关键节点，确立论题的破解思路。

3. 研究问题

（1）理论转换与路径建构（第 3 章）

本部分基于文化生态理念与个体生态学的理论基础，将个体生态学领域中的生态环境、生态因子、生态位、限制因子、生活型、生态型、生态进化等概念原型，转换为建筑文化的生态要素，建立起了建筑文化的生态视角，并初步形成了建筑文化生态性分析的理论框架。在此基础上，建构起建筑文化的生态性表达路径。

（2）案例解析与模式提取（第 4 章）

本章重点筛选并解析了 70 个建筑文化生态型案例，根据建筑文化的生态环境的不同，分别从自然环境生态型、人造环境生态型、文化环境生态型三大类型，提取出九个小类型的建筑文化生态适应模式。

4. 得出结论

（1）破题策略（第 5 章）

本章的研究内容，是在前文建筑文化生态适应模式研究基础上，探讨建筑设计中文化的生态性表达与传承策略。

（2）方法操作与手法归纳（第 6 章）

本章重点推演与归纳建筑文化的生态性设计方法，主要分为四个步骤：首先，进行建筑的文化生态位分析；其次，进行影响建筑的文化表达的限制因子分析；再次，进行文化生态原型提取；最后，进行文化原型的生态进化与转化。

第 **2** 章

建筑现代化问题的
文化生态破解思路

本章首先对"建筑-文化生态"研究的可行性进行理论分析；其次，基于"文化生态"的理念与观点，反思建筑现代化导致的文化销蚀问题；再次，分析当代建筑设计与地域文化的关联途径；最后，进行交叉分析，确定本章的研究思路。

2.1 "建筑-文化生态"研究的理论可行性思辨

2.1.1 "生态学"与"生物与环境"关系的学科

生态学（Ecology）是研究生物与环境之间关系的学科。这个层面研究意义的最早词汇"生态"，是由德国人海克尔（Ernst Heinrich Philipp August Haeckel）于 1866 年提出的，旨在将外在环境的影响纳入生物有机体的研究视野。

而随后的上百年，生态学作为一种研究方法，向微观和宏观两个尺度方向延伸（图 2-1）。微观上，从单个有机体到生物器官、细胞，甚至分子领域发展；宏观上，从个体到种群、生物群落、地球生物圈，甚至到地外空间。生态学在诸多领域的广泛研究运用，为人类解决生态危机[1]、生物健康等问题，提供了有力的方法支持。

学者们把全球性问题综合定义为全球性生态问题，把研究这些问题的学问定义为人类生态学（Human Ecology）[2][3][4]。人类生态学是以人为生态主体的生态学，它研究人在个体、群体、整体层面与环境的关系，环境既包括原生自然环境、人化自然环境，又包括社会环境[5]。人类生态学的出现，将"人与自然"这一经典哲学问题变为科学问题，并促进了生态学向科学领域的全面渗透，使科学技术、知识"绿化"，苏联科学家 B.A.罗西称之为科学的生态学综合[6]。人类生态学最先渗透到环境科学领域，目的是促使人与自然和谐相处，并取得了很多成果，随之而来的是对人文社科领域的渗透。

---

① 生态危机：是指由于某些原因导致自然生态结构与功能的破坏或地球生命维持系统的瓦解，从而危害人类生存与发展的现象。

② 人类生态学（Human Ecology）：定义一，人类生态学是研究人类与其环境间关系的学科。定义二，人类生态学是研究人类在其对环境的选择力、分配力和调节力的影响下所形成的空间和时间上相联系的学科。

③ 任文伟，郑师章. 人类生态学[M]. 北京：中国环境科学出版社，2004.

④ 余谋昌. 生态哲学[M]. 昆明：云南人民出版社，1999.

⑤ 刘湘溶. 文化生态学与生态学思维方式[J]. 求索，2016(3): 4-9.

⑥ B A 罗西. 论现代自然科学的"生态学论"[J]. 哲学问题，1974.

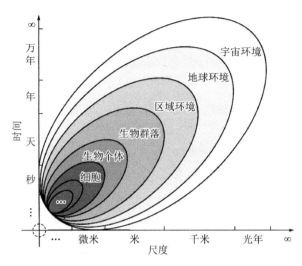

图 2-1　生态学的研究视野

（图片来源：作者自绘）

2.1.2　"文化生态学"与"文化与环境"关系的学科

"生态学"除了关系科学的研究意义外，还有更重要的一层意义，即一种"世界观"与"方法论"的思维方式，不但适用于生物及自然领域，亦适用于人类社会领域，如文化现象[①]。因此，产生了文化生态学（Cultural Ecology）。

美国文化人类学新进化学派著名学者朱利安·海内斯·斯图尔德（Juliar Haynes Steward，1902—1972 年）于 1955 年在其理论著作《文化变迁理论：多线性变革的方法》中首次明确提出文化生态学的观点。斯图尔德认为文化变迁就是文化适应，这是一个重要的创造过程，称为文化生态学。不同地域环境下文化的特征及其类型的起源，即人类集团的文化方式如何适应环境的自然资源、如何适应其他集团的生存，也就是适应自然环境与人文环境[②]。

此后，文化生态学积极汲取生态学、文化人类学、文化地理学、城市社会学等相关学科的理论营养，成为研究人类文化与环境之间相互关系的一门学科（图 2-2）。

现代文化生态学立足区域，从三个层面探讨区域文化群落与其地理环境的发生、发展及内在规律。宏观研究层面考察区域文化与其所在地理环境之间的关系；中观层面探讨文化三方面即物质文化、精神文化与制度文化相互渗透、互为表里的关系；微观研究面向物质文化、精神文化或制度文化等各文化层面，研究其内部各文化景观产生、发展的相互影响及其各自特质的形成与地理环境的感知关系[③]。

---

① 刘湘溶. 文化生态学与生态学思维方式[J]. 求索, 2016(3): 4-9.

② 朱利安·海内斯·斯图尔德. 文化变迁的理论[M]. 张功启, 译. 台北: 远流出版事业股份有限公司, 1989.

③ 江金波. 论文化生态学的理论发展与新构架[J]. 人文地理, 2005(4): 119-124.

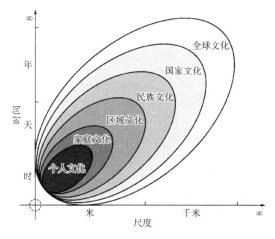

图 2-2　文化生态学的研究视野

（图片来源：作者自绘）

2.1.3　"建筑-文化生态"与"建筑与文化环境"关系的思考

建筑是人类文明的载体，标志着人类文明的发展进程。法国文学家维克多·雨果（Victor Hugo）曾说："人类没有任何一种思想不被建筑艺术写在石头上。"我国著名建筑学家梁思成先生，这样评论建筑："建筑是一本石头的史书，它忠实地反映了一定社会之政治、经济、思想和文化。"詹森（H.W.Janson）在其著作《世界美术史》中，曾这样描述："当我们想起任何一种重要的文明的时候，我们有一种习惯，就是用伟大的建筑来代表它。"从古至今，在世界各地，建筑无不被视为代表人类文明的里程碑。

因此，由以上论证可以得出：首先，生态学的思维方式可以运用到文化研究中，并酝酿出了文化生态学；其次，建筑是人类文明、文化的载体；进而，将文化生态学的研究理念运用到建筑文化的表达方法研究上，具有理论可行性，并且同文化生态学的研究视野一样，具有空间和时间的尺度范围（图 2-3）。

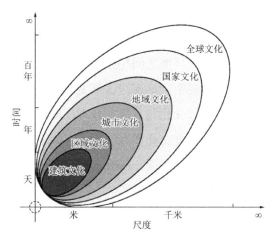

图 2-3　建筑-文化生态的研究视野

（图片来源：作者自绘）

2.2　建筑现代化的文化生态性反思

　　刘湘溶教授将文化生态学的思维方式总结为三点：强调整体性、追求和谐性、注重未来性。整体性：一是指结构有序的系统，二是指人与环境的整体，三是指注重整体多样性和开放性。和谐性：即整体中的元素间和谐共生，相互适应。未来性：即整体的可持续发展性与演化性[①]。

　　运用文化生态学的思维方式，反思建筑现代化导致的文化销蚀问题。如果将"建筑-城市与地域文化环境"视作一个"地域文化生态整体"，那么，建筑便是其中的"组成元素"之一，而当代大行其道的现代化建筑，则是侵入的具有时代标志的"个体"。

　　分别来说，对于"建筑-城市与地域文化环境"构成的"地域文化生态整体"应该具有三个方面的特征，即：系统、有序、多样、开放的整体；元素间和谐共生、相互适应的整体；可持续发展与演化的整体。

　　对于"元素个体"的建筑及其文化表达而言，为了保证"整体"的系统可持续性，应该具有三个方面的特征：维持整体系统有序的地域性特征；维持元素间和谐共生的适应性特征；维持整体可持续发展的演化性特征。

2.2.1　地域性观点

　　建筑现代化的文化销蚀问题，背后是全球化趋势下的国际建筑对地域关联的忽视。因此，建筑的地域性观点，有三个层面的含义：

　　首先，是指"建筑个体"与"地域文化整体"之间的关系描述，界定了建筑文化与地域文化的同根同源关系；

　　其次，是对"建筑个体"的地点属性强调，建筑与地点是无法分离的关联空间组合，如黑格尔所说，"助长民族精神产生的那种自然联系，就是地理的基础[②]"，因此，地点是建筑对地域文化表达的基点；

　　最后，是对"建筑个体"的地域文化特征的表述。

2.2.2　适应性观点

　　"建筑个体"的适应性观点，是"地域文化生态整体"和谐性特征的具体表现，有两个层面的含义：在较小尺度上，"建筑个体"要适应具体地点的特定条件，适应所在地点的文化环境；在较大尺度上，"建筑个体"要适应大的文化环境，适应时代的发展趋势。

① 刘湘溶. 文化生态学与生态学思维方式[J]. 求索, 2016(3): 4-9.

② 黑格尔. 美学: 第三卷(下)[M]. 朱光潜, 译. 北京: 商务印书馆, 1981: 222.

2.2.3　演化性观点

19 世纪博物学家达尔文（Charles Robert Darwin）提出了进化论（Theory of Evolution），从此，"物竞天择，适者生存"的生物进化观，逐渐为世人所认可。

在如今城市化进程中，从"大拆大建"的城市现代化导致的"地域文化生态失衡"，到"标本式"的历史建筑保护带来的"地域文化生态"故步自封，都为"地域文化生态整体"的可持续性发展造成了不良影响。

所以，"建筑个体"的演化性观点，类似于生物进化观，在"地域性"基点上、"适应性"原则下，在建筑文化的表达中，将地域文化与时代特色相结合，以演化的方式适应地域文化与时代环境。

2.3　当代建筑设计与地域文化的关联途径

现代建筑之后的地域主义建筑设计倾向，吸收地域文化特色，表现在建筑物质与空间形态中，以形成建筑与地域文化的关联，这些关联主要体现在建筑形式关联、空间关联、材质关联、观念关联以及历史关联五个方面。

2.3.1　形式关联

形式（Form）是建筑物质形态的外在表现。众所周知，"形式追随功能"是沙里文（Louis Sullivan）的著名现代主义口号，在现代建筑的设计法则中，似乎"形式"只是"功能"的外在形象，不是重要的元素。但是，密斯·凡·德·罗（Ludwig Mies Van der Rohe）的一句评论，却有另一番韵味，"功能是朝生暮死的，而形式是永恒的"[①]。密斯·凡·德·罗是在时间维度上理解"形式"的重要性。其实不难理解，比如，北京故宫在明清时期，是全国的都城皇宫，然而在今天，故宫的原始功能早已不复存在，但是故宫的"形式"却全球闻名，因为这是中国文化的象征；再如，雅典卫城的帕特农神庙，在古希腊时期，是全国的宗教圣地，然而，今天是希腊悠久文明的象征。

因此，建筑形式是人们认知中最直接的、能够反映文化特征的元素。在当代地域建筑设计中，建筑形式与地域文化的关联，是地域文化表达的最直接手法。比如，上海世博会中国馆运用传统建筑中的"斗拱形式"来表达中国文化的特色（图 2-4）；再如，大厂民族宫，将伊斯兰建筑中的"拱券形式"巧妙运用在建筑中，关联与表达地域的宗教文化（图 2-5）。

———————————
① 李大夏. 建筑形式的创新与表意[J]. 建筑学报, 1992(10): 27-32.

图 2-4　中国馆"斗拱形式"运用
（来源：何镜堂，何小欣. 启于世博行之中国[J].
建筑学报，2011(1): 102-104. ）

图 2-5　大厂民族宫"拱券形式"运用
（来源：盘育丹，何镜堂，郭卫宏，等. 根植文脉
传承创新：大厂民族宫建筑创作[J]. 建筑学报，
2016(11): 43-45. ）

2.3.2　空间关联

空间（Space）是物质存在的一种客观形式，由长度、宽度、高度表现出来，是物质存在的广延性和伸张性的表现[①]。这一概念是词典中的物理意义上的客观解释，至于"建筑空间"，却因"建筑师"或"人"的参与而变得复杂。

1890 年后期，"空间"概念由德国人引入建筑语汇，并一跃成为建筑学最核心的词语。德语中的空间"Raum"，同时指代房间和空间的哲学概念。然而，建筑师倾向于将前者与后者———一个哲学概念混淆。所以，概念的混淆导致了建筑师及一些建筑理论学家对"建筑空间"长达几十年的探索，时至今日，仍然有些建筑师不能准确把握"建筑空间"的确切含义。

阿德里安·福蒂（Adrian Forty），在其著作 *Words and Buildings* 中，归纳了"建筑空间"概念中几种具有代表性的空间观，能够看出空间概念在建筑中的发展脉络[②]。

观念一是"空间作为围合"的概念，代表人物如森佩尔（Gottfried Semper）的"建筑的首要动力是围合空间"。

观念二是"空间作为连续体"的概念，代表人物如密斯·凡·德·罗（Ludwig Mies Van der Rohe）的"流动空间"。

观念三是"空间作为身体的延伸"的概念，代表人物如施马索夫（August Schmarsow）的"空间通过身体在一个体量中的想象延伸来感知"。

观念四是"空间作为场所"，代表人物如海德格尔（Martin Heidegger）的"空间性"，以及诺伯格·舒尔茨（Norberg Schulz）的"场所精神"。

观念五是"空间作为社会产品"，代表人物如列斐伏尔（Henri Lefebvre）的"建筑空间的核心是社会空间"。

正是建筑空间观的认识深入，使当代建筑师意识到建筑的空间不再只是纯哲学意义上的物质存在，对于感知主体的"人"来说，建筑空间是具有与"现实""社会"关联意义的

---

① 引自《新华词典》中"空间"的释义。

② Adrian Forty. Words and Buildings[M]. London: Thames & Hudson, 2004.

"场所"。所以，在当代建筑设计中对地域文化性空间的塑造，也是建筑文化表达的方式之一。如，圣伯纳德礼拜堂，将教堂的拱形空间运用到方案中，表达建筑的宗教文化特征；再如，唐山有机农场，将传统四合院中的"院落"空间，融合到方案中，关联地域的建筑文化特征（图 2-6）。

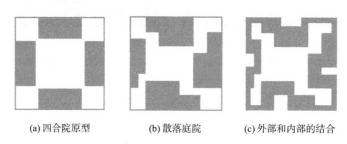

(a) 四合院原型   (b) 散落庭院   (c) 外部和内部的结合

图 2-6   唐山有机农场"院落"空间运用

（来源：韩文强. 田野中的"四合院"——唐山乡村有机农场设计[J]. 建筑学报, 2017(01).）

2.3.3   材质关联

材质（Material），在词典中的释义为：可以直接做成成品的东西。建筑材质，则是可以建造出建筑的原料，从原始的天然木材、竹子、石材等，到加工而成的土坯、砖、瓦等，再到今天的钢铁、混凝土、玻璃等，都是建筑使用的材质。

建筑材质与地域文化的关联，是在较长的时间中，由于地域环境的限制和生产、生活方式的不同，以及文化观念、习俗的影响，经由不同民族的人们的选择、改造，自然而然建立起来的。在现代主义"建筑是居住的机器"理念下，当代建筑成为混凝土、钢铁、玻璃的"工厂化产品"，注重建筑的功能、空间等概念，而忽视了地域材质的文化关联。

在当代地域主义建筑实践中，重新审视地域材质与文化关联性，将地域材质或材质特征表现在建筑中，以体现具体的文化特色。如苏州博物馆，将粉墙黛瓦的江南建筑材质特征运用到建筑的线条中；再如，西藏尼洋河游客中心，将藏族传统的材质色彩运用到建筑空间中，形成与地域文化的关联（图 2-7）。

图 2-7   尼洋河游客中心的地域色彩

（来源：赵扬，陈玲，孙青峰. 尼洋河游客中心[J]. 城市环境设计, 2010(6): 100-103.）

2.3.4　观念关联

观念（Concept）是指在不同地域的文化环境中，由人类长时间的思想意识积累而形成的传统哲学观念、价值观念、信仰观念、审美观念等文化传统。

在当代一些建筑实践中，将地方传统观念转化运用到建筑设计理念、空间组织设计中，以此，将建筑与地域文化建立关联。如，浙江美术馆将中国传统的山水意境美学观念，运用到建筑与环境组成的整体关系中，使得建筑充满了中国传统意境的文化韵味（图 2-8）；再如，黄帝陵祭祀大殿将传统观念中的天圆地方转化为建筑中的空间元素，方形的地面与圆形的天井，以体现传统文化（图 2-9）。

图 2-8　浙江美术馆的山水意境
（来源：程泰宁，王大鹏. 通感·意象·建构：浙江美术馆建筑创作后记[J].建筑学报, 2010(6): 60-69.）

图 2-9　黄帝陵祭祀大殿的天圆地方运用
（来源：张锦秋，高朝君，张小茹，等. 黄帝陵轩辕庙祭祀大殿[J]. 世界建筑, 2015(3): 60.）

2.3.5　历史关联

历史（History），广义上说，是客观世界运动发展的过程；狭义上说，是记载和解释一系列人类活动进程的一门学科。

历史在一般概念意义上，是时间的延伸，是人类文明轨迹的记载，是人类文化的传承和拓展。但是历史在有了空间限定时，才会具有特定的意义。

所以，在当代建筑实践中，将特定地域的某一历史事件进行关联，形成"时空"（Time-interspace）上的紧密联系，也是地域文化建筑表达方式之一。如美国的"烧不尽"博物馆，将堪萨斯州的受控草原燃烧历史传统故事表达在建筑中，使之与当地文化关联；再如阿联酋历史"卷轴"博物馆，是为了纪念 1971 年阿联酋的独立，建筑师将当时签署的历史文件卷轴原型表达在建筑形式中，与地域历史关联。

2.4　破解思路的确定

基于以上分析论述，将"建筑个体"的文化生态性观点同当代建筑设计与地域文化的关联途径进行交叉分析，可以得出 15 个可研节点（图 2-10）。同时，可以得出三个即将面临的疑问：第一，如何分析与定位"地域性"的形式、空间、材质、观念、历史等文化元素；第二，如何判断与选择以上文化元素，并"适应性"地表达；第三，如何"演化性"地设计与表达地域文化特征。

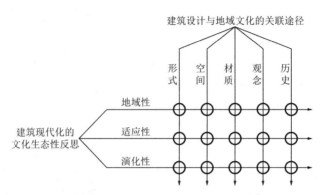

图 2-10   "文化生态"观念与建筑表达路径的多维关联节点

所以，为了更为系统地论述以上三个疑问，本书基于文化生态理念，结合"生态学"中的系统研究概念与方法，确定了三个步骤的破解路径：

首先，基于文化生态理念，将"生态学"中的系统研究概念与方法转换到建筑文化的分析中，建立建筑文化的生态分析要素，为后文建筑文化的生态性表达路径提供理论基础（详见第 3 章）。

其次，解析当代典型建筑案例中文化的生态适应模式，为后文的表达路径提供论证依据（详见第 4 章）。

最后，推演建筑文化生态性表达的操作路径，形成本书"基于文化生态理念的建筑设计方法"的核心章节（详见第 6 章）。

第 **3** 章

建筑文化的生态要素与
表达路径建构

本章基于文化生态的理念，试图将生态学中的要素概念，转换运用到建筑文化的分析中，建立建筑文化的生态要素解析途径。

3.1 个体生态学的理论基础

经过百余年的发展，生态学已经演变成与各个学科相结合的全方位、内容复杂的科学领域，所以，本章重点借鉴个体生态学的理论与方法。

个体生态学（Autecology）是研究生物个体与其环境因子之间关系的学科，侧重研究生物个体对某些环境因子的生态适应，包括生理调节、生长发育等适应机制[①]。个体生态学研究各种环境因子对生物个体的影响，并侧重于生物个体在环境影响下的生物适应、进化策略等内容。

建筑个体在具体的地域文化环境中，在建筑设计之初就受到了各种因素的综合影响，有甲方的现实需求、建筑师的个人理解等人为主观影响因素；也有地形、气候条件，建筑周边环境，以及地域人文环境的客观影响因素。本章的文化生态观，侧重于考虑建筑所在基地环境的客观因素对建筑个体文化表达的影响，以及具体的适应、演化策略，并体现在建筑设计的过程中。

因此，个体生态学的生物个体与生态环境之间的影响、适应等研究方法，适用于建筑个体在地域文化生态环境的影响下，作出适应性、演化性的建筑设计方法的研究。

本章以个体生态学中对生物个体的分析要素，如生态环境、生态因子、生态位、限制因子、生态型、生态适应、生态进化等概念，解析建筑文化的生态分析要素。

3.2 理论转换：建筑文化的生态要素

本节以七个生态学理论概念为参考原型，转换与建构建筑文化的生态要素。

---

① 周其华, 孙冰, 李志群, 等. 环境保护知识大全[M]. 长春: 吉林科学技术出版社, 2005: 39.

3.2.1　建筑文化的"生态环境"与"生态因子"

1. 概念原型：生态环境与生态因子

生态环境（Ecological Environment），以生物为主体，可定义为"对生物生长、发育、生殖、行为和分布有影响的环境因子的综合"[①]。

生态因子（Ecological Factor）指对生物有影响的各种环境因子。生态因子的类型多种多样，分类方法也不统一。简单、传统的方法是把生态因子分为生物因子（Biotic Factor）和非生物因子（Abiotic Factor）。前者包括生物种内和种间的相互关系；后者则包括气候、土壤、地形等。

如植物的光合作用是植物生长的内在作用关系，因此，阳光是植物的重要生态因子之一，甚至光照射的方向能直接影响植物的生长方向（图 3-1）。美国生态学家比林斯（W.D. Billings）在其著作《植物、人和生态系统》中，列举了对植物有关键影响的 15 个生态因子，并阐述了多种生态因子对植物的综合性影响（图 3-2）。

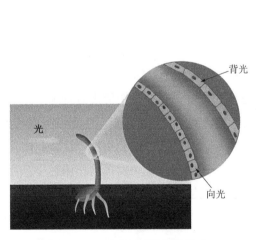

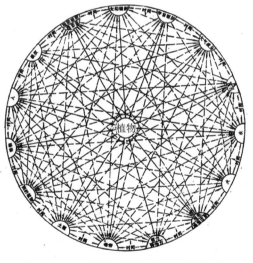

图 3-1　日照因子对植物的影响
（图片来源：WD 比林斯. 植物、人和生态系统[M].
鲍显诚, 胡舜士, 译. 北京: 科学出版社, 1982.）

图 3-2　生态因子对植物的综合作用网络
（图片来源：WD 比林斯. 植物、人和生态系统[M].
鲍显诚, 胡舜士, 译. 北京: 科学出版社, 1982.）

2. 建筑转换：建筑文化生态环境与生态因子

建筑处于一定的空间中，空间周边的环境可以理解为建筑文化生态环境。然而，与自然生物界不同，建筑文化是人类的社会化产物，不仅会受到自然环境的影响，也有人为环境的影响。所以，按照建筑基地所处环境的属性不同，根本上分为物质环境和非物质环境两种，但是物质环境中的人造影响不可忽视，因此，建筑文化的生态环境由三部分组成，

[①] 王孟本."生态环境"概念的起源与内涵[J]. 生态学报, 2003(9): 23.

即：自然环境、人造环境、文化环境。

自然环境，指非人为创造的客观自然环境，如山地、森林等。

人造环境，指经过人为改造或者由人类创造的物质环境，如城市、乡村等。

文化环境，指人类在某一时期的特定地理范围内的集体思想意识与价值观体系，如东方文化、西方文化等。

进一步分析，建筑文化的表达亦会受到生态环境中诸多具体因素的影响，如自然环境中的地理、气候特征等因素，人造环境中的城市形态、建筑遗存等因素，文化环境中的文化传统、地域特征等方方面面，这些因素即影响建筑文化表达的生态因子。

生态环境与生态因子原理在建筑文化中的转换，目的是建立建筑文化的生态观念与视角，为后文中的理论转换做好铺垫。

3.2.2　建筑文化的"生态位"

1. 概念原型：生态位

"生态位"（Ecological Niche）是生物种在生态系统中的功能和地位的总称[①]。生态位的内涵是多维的：一种生物的生态位既反映该物种在某一时期某一环境范围内所占据的空间位置；也反映该物种在该环境中的各种生态因子（如气候因子、土壤因子等）所形成的梯度上的位置；还反映了该物种在生态系统（或群落）的物质循环、能量流动和信息传递过程中的角色。如图 3-3 所示，表示七个物种在两种资源中的位置梯度。

生态位的大小用生态位的宽度来衡量。生态位的宽度是指在环境的现有资源谱当中，某种生态因子能够利用多少（包括种类、数量及其均匀度）的一个指标。生态位宽度越大，说明其在生态系统中发挥的作用越大，对社会、经济、自然资源的利用越广泛，利用率越高，效益越大，竞争力越强。反之生态位宽度越小，在生态系统中发挥的作用越小，竞争力越弱。物种之间的生态位越接近，相互之间的竞争就越激烈。

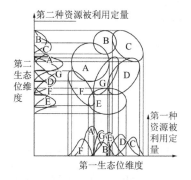

图 3-3　七个物种在两种资源中的位置梯度
（图片来源：W D 比林斯. 植物、人和生态系统[M].
鲍显诚, 胡舜士, 译. 北京: 科学出版社, 1982.）

---

① 沈青基.城市生态环境: 原理、方法与优化[M]. 北京: 中国建筑工业出版社, 2011.

2. 建筑转换：建筑文化生态位

借鉴生态学中的"生态位"原理，建筑文化生态位即指建筑在所处文化生态环境中的地位与位置。建筑文化生态位同样具有多维性，总体来说，可以划分为建筑外环境和内环境两个维度，如果结合建筑文化生态环境的三元性，可将外环境划分为三个维度，即：自然环境维度、人造环境维度、文化环境维度；进而，内环境维度为第四个维度（图 3-4）。

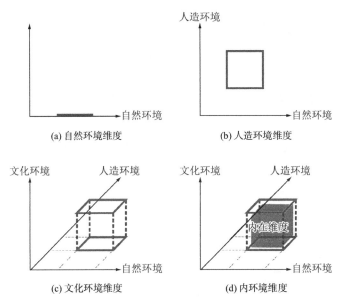

图 3-4　建筑文化生态位的四个维度
（图片来源：作者自绘）

自然环境维度，是指建筑基地在自然环境中的位置定位，包括地理位置、气候特点等自然特征。

人造环境维度，是指建筑基地与人造环境的位置关系，如是否处于人造环境中，或在城市中的具体位置。

文化环境维度，是指建筑基地所处地域文化环境特征，如文化类型、地域文化特征、传统文化观念、精神信仰。

内环境维度，是指建筑自身的功能、内在意义及其文化性格特征。

3.2.3　建筑文化的"限制因子"

1. 概念原型：限制因子

限制因子（Limiting Factors）是对生物的生存和发展起限制作用的生态因子。任何生物体总是同时受许多因子的影响，其中任何条件如果超过生物的耐受极限就成为限制因子。

限制因子原理具有两方面的内容。其一为李比希（Liebig）的最小因子定律（最低量律），即生物的生长发育是受它们需要的综合环境因子中最小限制因子所控制。如生存在沙漠的胡杨树，水即成为它们生长的最小限制因子。其二为谢尔福德（Shelford）的耐性定律，即生物的生长发育同时受它们对环境因子的耐受限度（不足或过多）所控制。如生存在不同温度环境中的狐狸耳朵大小是不同的。可能达到某种生物耐受限度的各种因子中任何一个在数量上或质量上的不足或过多，都会使该生物不能生存或者衰退。

2.建筑转换：建筑文化限制因子

在某一建筑的基地位置确定的同时，文化生态环境与生态因子即已存在，加之建筑的功能、定位等因素不同，生态因子的作用影响力有强弱之分，对建筑文化影响最强的生态因子为其限制因子。换句话说，一个文化生态型建筑作品最终表现出的文化特征，是视角敏锐的建筑师或者智慧的劳动者为了适应某一环境限制因子，或者多个环境限制因子的结果。

如西双版纳傣族同胞，为了适应当地多雨、高温、湿热的自然气候，衍生出的底层架空、高脊屋顶的干栏式民居。

又如贝聿铭大师的卢浮宫扩建工程，为了适应卢浮宫凹形的历史建筑环境，将主体功能空间隐藏于地下，并运用正四棱锥的玻璃"金字塔"形式，既适应又不破坏周边的建筑环境。

3.2.4　建筑文化的"生活型"与"生态型"

1.概念原型：生活型与生态型

生活型与生态型是植物生态学中根据植物对生态因子的生态适应关系划分的[①]。

生活型（Life Form）是指植物对综合环境条件的长期适应，而在外貌上反映出的植物类型。植物体的形状、大小、分枝等都属于外貌特征，同时也考虑植物的生命周期。通常植物生活型分类为乔木、灌木、半灌木、木质藤本、草质藤本、多年生草木、一年生草木、垫状植物等。所以，生活型是指植物群的一种共同外貌。生活型的形式是植物对相同环境条件进行趋同适应的结果，如长期生活在气候适宜地带的白杨树。

生态型（Ecotype）是由瑞典植物学家约特·杜尔松（Gote Turesson）于1922年提出的，其最初定义为"一个物种对某一特定生境条件下所发生的基因型变异的产物"。当同种植物的不同个体群分布和生长在不同环境时，由于长期受到不同环境条件的影响，在植物的生态适应过程中，就发生了不同个体群之间的变异与分化，形成了在生态学上互有差异的个体群，它们具有稳定的形态、生理和生态特征，并且这些变异在遗传上被固定下来，这样就在一个物种内分化成不同的个体群类型，这种不同的个体群，称为生态型，如对沙漠缺水环境适应的胡杨树。

---

① 曲仲湘，吴玉树，王焕校，等. 植物生态学[M]. 2版. 北京: 高等教育出版社，1983: 142-151.

2. 建筑转换：建筑文化生活型与生态型

建筑及其展现出的文化形式，是被上述生态因子在潜移默化中综合影响的结果，建筑受生态因子影响并作出反应的过程，称为生态适应。

在一定区域和某一个时期内，建筑文化的生态适应趋于稳定状态，并形成固定的建筑文化形式与内容，如固定的建筑形制、空间组织、建造技术及材料，我们称之为建筑文化的生活型，如传统北京四合院。换句话说，一定区域的建筑文化的生活型，即本地的地域建筑特征，是建筑文化原型的取材之一。

然而，当生态环境发生变迁时，如自然环境的变化、人造环境的巨变、技术及思想文化的变革，建筑及其文化形式会作出相应的生态适应，并出现与生活型相异的建筑新形式与内容，如传统建筑形式的转变、传统建筑材料的新用法、非建筑文化内容的转化应用等，我们称之为建筑文化的生态型，如改造后四合院对时代的适应。建筑文化的生态型案例，是本节研究的重点。

在 21 世纪，文化传承与时代进步是全世界认可的可持续发展模式。在时代技术变革与全球化文化交融的背景环境下，如何在建筑中合理地表达文化内容与设计创新，并形成可持续的表达方法，是本章研究的初衷。

3.2.5　建筑文化的"生态进化"

1. 概念原型：生态进化

进化生物学直接的思想起源，是 19 世纪下半叶博物学家达尔文（Charles Robert Darwin）的进化论（Theory of Evolution）。遗传学家 Theodosius Dobzansky 曾说："进化是事物发展的普遍性原理在生命世界里的特殊形式。"在生态学的各个层次上，进化的透视是必须的，也是十分有用的。然而，对于进化的定义学术界却难以统一。生态学家将进化定义为，种群特征随时间的变化；遗传学家将进化定义为，世代间种群基因频率的变化。综合以上观点的定义，进化是种群中适应性特征及相应基因随时间的变化[①]。

进化生物学（Evolutionary Biology）将生物进化的模式归纳为六种，分别为：简式进化、复式进化、趋同进化、趋异进化、镶嵌进化、特式进化[②]，详见表 3-1。

简式进化（Regressive Evolution）简称退化，它是由结构复杂变为结构简单，是一种"以退为进"的进化方式。

复式进化（Aromorphosis Evolution）是指进化方向由简单到复杂、由低等到高等，是生物体形态结构、生理机能综合、全面的进化过程，其结果是生物体各个主要方面比原有水平都要高级和复杂。

趋同进化（Convergence Evolution），是指不同的物种在进化过程中，为适应相似的环

---

① 王崇云. 进化生态学[M]. 北京：高等教育出版社，2008.

② 沈银柱，黄占景. 进化生物学[M]. 2 版. 北京：高等教育出版社，2008.

境而呈现出表型上的相似性。

趋异进化（Divergence Evolution）又称为分歧进化，在生物进化过程中，由于共同祖先适应于不同环境，向两个或者以上方向发展的过程。

镶嵌进化（Mosaic Evolution）是由于不同器官的进化速率常常不相同，有些器官进化很快，而另一些器官进化停滞，因而造成一种具有混合特征的表型，即快速进化出的新特征和处于进化停滞状态的原始特征同时存在于一种生物上，这就是所谓的"镶嵌进化"。

特式进化（Gerontomorphosis Evolution）是由一般到特殊的生物进化方式，指物种适应于某一独特的生活环境、形成局部器官过于发达的一种特异适应，是分化式进化的特殊情况。

2. 建筑转换：建筑文化的生态进化

为适应生态环境，建筑及其文化特征从生活型向生态型转变时，建筑师运用一定的设计手法将文化原型转化为新形式，本节将建筑文化的转化过程称为生态进化。

通常，建筑文化设计方法的相关研究，将建筑设计手法运用语言学的内容归结为象征、修补、粘贴、抽象、借喻、转译等词汇。本节运用生态学中的生态进化内容，将建筑文化生态型案例的设计手法归纳为简式进化、复式进化、趋同进化、趋异进化、镶嵌进化以及特式进化六种类型，如表3-1中的举例。为了适应时代背景的变化（技术、审美观念等），建筑文化的生态进化是必然的内在需求。

生物-建筑文化的不同进化模式举例   表 3-1

序号	进化方式	生物案例	建筑文化生态进化案例
1	简式进化	鲸鱼四肢、形态的进化	腓特烈斯贝幼儿园——传统民居形式的简化
2	复式进化	马的体型、蹄、牙的复杂化	范曾艺术馆——多围合空间叠加复合化

序号	进化方式	生物案例	建筑文化生态进化案例
3	趋同进化	 不同物种进化的趋同	 桂林万达文旅展示中心——桂林山水形式的趋同模拟
4	趋异进化	 雀的颜色、喙部趋异化	 大厂民族宫——拱券形式的非线性变形与传统纹样的立体化
5	镶嵌进化	 大象头部的独立进化	 石材谷仓上的新屋——新建筑体块与旧建筑的嵌合
6	特式进化	 大角鹿犄角的放大进化	 上海世博会中国馆——传统斗拱形式的放大与特异重构

3.3　建筑文化的生态性表达路径建构

"生态适应"（Ecological Adaption）是指生物随着生态因子的变化而改变自身形态、结构、生理特性，以便与环境相适应的过程。

建筑及其展现出的文化形式，在地域文化生态因子、限制因子的综合影响下作出相应改变与变化的过程，称之为建筑文化的生态适应。

进一步说，以"生态适应"方式设计出的建筑及其文化形式，即建筑文化的生态性表达过程；而试图实现这个过程的具体建筑设计方法，即本书《基于文化生态理念的建筑设计方法研究》。

本章将个体生态学中的七个概念，转换为建筑文化的"生态环境""生态因子""限制因子""生态位""生活型""生态型"以及"生态进化"七个生态要素与原理概念。其中，建筑文化的"生态环境""生态因子""生活型"以及"生态型"为基础要素，是以生态的视角分析建筑文化及其环境要素的基本原理。而后，建筑文化的"生态位""限制因子"以及"生态进化"三个要素，则为生态分析与表达建筑文化的核心原理。

在上述研究基础上，最终形成了本书建筑文化生态性表达的技术路径（图3-5）：

第一步，对建筑项目的文化生态位的四维分析；

第二步，在文化生态位分析的基础上，分析主导建筑文化表达的限制因子；

第三步，依据限制因子的分析结果，提取相应的文化生态原型；

第四步，将提取到的文化生态原型，运用生态进化的不同模式进行设计表达。

详细的建筑文化生态性表达方法论述将在第6章中展开。

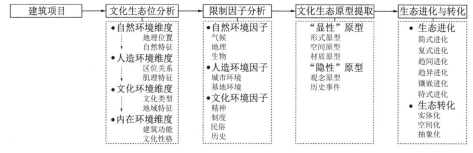

图 3-5　建筑文化生态性表达的技术路径建构

（图片来源：作者自绘）

通过以上建筑文化的生态要素与表达路径建构，初步建立起了建筑文化生态性分析的理论框架。一方面，为下文中对相关文化生态型建筑案例解析与适应模式提取提供了理论支撑（详见第4章）；另一方面，为建筑文化的生态性表达方法推演提供了路径方向（详见第6章）。

第 **4** 章

文化生态型建筑及其
生态适应模式提取

基于前文建筑文化的生态要素解析，本章重点筛选、列举了 70 个建筑文化生态型案例，解析建筑案例中的文化生态适应模式。根据地域文化环境中的限制因子，分别从适应自然环境、人造环境、文化环境三种环境类型的建筑案例，解析其文化的生态适应方法与模式，并为第 6 章建筑文化的生态性表达方法推演提供论证依据。

4.1 文化生态型建筑案例的选择与分类标准

1. 适应不同建筑文化生态因子的选择标准

"建筑个体"在具体的地域文化环境中，在建筑设计之初就受到了各种因素的综合影响，有甲方的现实需求、建筑师的个人理解等人为主观影响因素；也有地形、气候条件、建筑周边环境，以及地域人文环境的客观影响因素，即建筑文化生态因子，主要包括自然环境因子、人造环境因子、文化环境因子（图 4-1、图 4-2）。

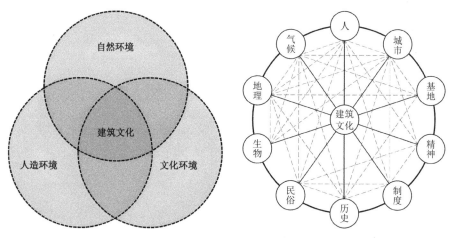

图 4-1　建筑文化的生态环境
（图片来源：作者自绘）

图 4-2　影响建筑文化表达的生态因子
（图片来源：作者自绘）

本章中的文化生态型建筑案例选择标准，主要选择那些对不同建筑文化生态因子的客观因素作出适应性设计的建筑案例，解析其具体的适应方法与模式。

2. 侧重建筑案例典型适应特征的分类标准

许多研究筛选出的建筑案例，往往从多个方面表达地域文化特征，本章节中案例分类标准，侧重于该建筑案例的典型适应特征，可清晰解析每种生态适应模式。

4.2 自然环境生态型建筑适应模式

影响建筑文化表达的自然环境生态因子，主要有气候、地理、生物三种类型，本节分别列举与分析适应这三种生态因子的案例。

4.2.1 气候适应模式

气候，是指一个地区较长时间内的天气特征，主要包括日照、气温等因素。日照光影与空间的关系处理是文化建筑设计中的重要手法，本节以气候中的"日照与光"为例，探讨建筑中的"光-场所"营造方法。

1. 圣伯纳德礼拜堂——十字架的光影重构

圣伯纳德礼拜堂位于阿根廷科尔多瓦省潘帕平原中的一个小树林中，基地内没有电力和任何公用基础设施。所以，建筑师尼古拉斯（Nicolás Campodonico）在设计时尽可能捕捉日照与自然光线，并结合"十字架"形成的典故[①]，将"十字架"解构成"横"和"竖"两个构件，使其在日光的照耀下，投影到墙壁上，形成一个动态的十字架效果，从而每一天都是十字架的重逢之日，每一天都是有仪式感的一天。

2. 旁遮普狮报大楼总部——印度传统格栅图案的数字表皮遮阳系统建构

旁遮普狮报（Punjab Kesari）大楼总部位于印度德里，供电的不足是其面临的重要问题。Studio Symbiosis Architects 事务所将传统印度建筑遮阳文化元素和现代办公空间相结合，得到了一个更加环保节能的建筑：从印度传统的格栅系统中提取了六边形图案的单元基底，数字模拟建构了表皮遮阳系统，为建筑蒙上一层白色纱衣。在形式上以"镂空"幕布模式反映印度的传统文化，在功能上利用可调节的孔隙开放率，优化立面开口，创建不同的光照条件。

3. 日落教堂——日落余晖的场景塑造

日落教堂位于墨西哥著名的海滨旅游城市阿卡普尔科，自然景观丰富。设计师为这座具有宗教意义的作品赋予了晦暗、坚固与永恒的意义，游客从主入口进入后，先后经过光明—黑暗—再次光明的空间，最后到达教堂的主厅，主厅开放的后墙面对着广阔的大海，中心镶嵌了一个巨大的由铝框玻璃制成的十字架，黄昏时分，落日的余晖透过玻璃将黄色的光芒洒满室内，成为一天中最美的风景。

---

① "十字架"的形成：据方案介绍，耶稣在前往耶路撒冷的路上背着的不是完整的十字架，只是一条横杆，十字架在概念上的形成与两极的重逢有关。

4.2.2 地理适应模式

地理，广义上是研究地球表面的地理环境中各种自然现象和人文现象，以及它们之间相互关系的学科。本节的地理环境为狭义概念，是指建筑基地所处环境的地形、水、土壤或岩石特征，并探讨建筑文化的地理环境生态型案例。本节中的建筑文化生成方法主要有：借"势"——对地形环境的适应；拟"形"——对地理形态的模拟；取"材"——对地域材料的运用；融"景"——对自然空间的开放融合。

1. 借"势"

（1）The Screen

The Screen 项目位于浙江宁波郊区九龙山涤尘谷中，基地有一定高差，植被茂密。建筑的功能是某一项目工作人员办公与休息的场所，建筑师李晓东的设计理念为建筑与自然环境的融合，为使用者提供舒适惬意的工作、休息环境。所以，设计手法一是建筑的体量顺应地形；二是运用当地石材进行网格化编织，与玻璃材质结合，营造出半透明的建筑界面，达到与自然环境相融合的目的（图 4-3）[1]。

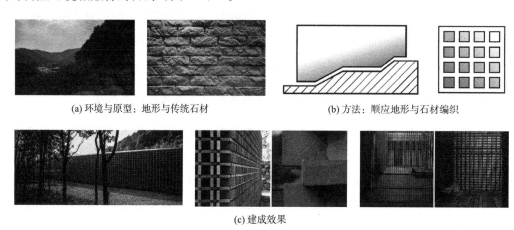

(a) 环境与原型：地形与传统石材　　　　　　(b) 方法：顺应地形与石材编织

(c) 建成效果

图 4-3　The Screen——地形适应与材料运用

（来源：作者组织，图片来自 LI CAIGE. The Screen, 宁波, 中国[J]. 世界建筑, 2014(9): 76-85.）

（2）贵安新区大学城消防应急救援中心

贵安新区大学城消防应急救援中心位于贵州高原中部的贵阳市贵安新区，处于两座山峰之间，前后有近 30m 高差的梯形坡地。建筑包括综合应急救援中心、战备物资储备库以及训练塔三个部分。建筑顺应地势依山而建、因山就势，通过平行的层层退台组织建筑空间，充分利用了场地的地形特征，从而达到恢宏的建筑意向（图 4-4）。

（3）佛光岩游客接待中心

佛光岩游客接待中心位于贵州省北部的赤水市复兴镇丹霞地貌区内，作为"地貌最年

① LI CAIGE. The Screen, 宁波, 中国[J]. 世界建筑, 2014(9): 76-85.

轻的丹霞区"，赤水市的丹霞地貌以其鲜红艳丽的颜色给游客留下深刻的印象。游客接待中心作为景区内重要的公共建筑毗邻旅游大道，交通便捷，周围地形、地貌复杂，建筑师在对场地进行适度调整后，使建筑顺应地势，布置在不同标高的台地上，各功能体块以环形道路相连，中心围成一个相对开阔同时具有向心性的庭院（图 4-5）[①]。

(a) 环境与原型：地形与消防建筑色彩　　　　　　(b) 方法：顺应地形与红色建筑体块

(c) 建成效果

图 4-4　贵安新区大学城消防应急救援中心——地形顺应

（来源：作者组织，图片来自西线工作室官网）

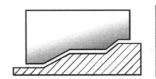

(a) 环境与原型：丹霞红色地貌与传统石材　　　　(b) 方法：顺应地形与人造"红场"

(c) 建成效果

图 4-5　佛光岩游客接待中心——地形适应与材质运用

（来源：作者组织，图片来自西线工作室官网）

2. 拟"形"

（1）桂林万达文旅展示中心

桂林万达文旅展示中心，项目基地位于广西桂林老城区，功能为桂林文化及旅游资源展示建筑。"桂林山水甲天下"这句流传至今的谚语使得桂林自然山水天下闻名。因此，建

① 佚名. 应景生产: 中国·贵州·丹霞世界自然遗产地赤水佛光岩风景区游客接待中心与入口空间[J]. 建筑技艺, 2013(4): 98-104.

筑师以桂林的独特地貌与山水环境为创作原型，并结合中国传统的山水画表现形式，应用当代玻璃与灯光处理等技术，在建筑立面上抽象表达桂林山水形象（图 4-6）[1]。

(a) 环境与原型：桂林山水与传统山水画

(b) 方法：立面抽象与玻璃建造技术　　　　　　(c) 建成效果

图 4-6　桂林万达文旅展示中心——桂林山水形象模拟

（来源：作者组织及李立涛，魏鹏，张博. 盒子里的山水：记桂林万达城展示中心的设计与建筑[J].
建筑与文化，2017(1): 44-46.）

（2）Bosjes 教堂

Bosjes 教堂由英国斯泰恩工作室设计，位于南非开普敦郊外的一座葡萄园内，周围环绕着连绵的山脉，自然风景优美。设计师没有采用传统教堂的尖顶结构，而是在造型上呼应了周围的山脉轮廓，模拟了山体的形式，设计出一个由混凝土外壳制成的波浪形屋顶。跃动的波浪形屋顶覆盖在教堂四周的玻璃围墙上，干净洁白的色彩既象征了教堂的纯净，又减轻了屋顶的厚重感，使整个建筑好像飘浮在山谷中（图 4-7）[2]。

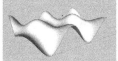

(a) 环境与原型：地貌特征与教堂　　　　　　(b) 方法：山体形式模拟与教堂空间开放化

(c) 建成效果

图 4-7　Bosjes 教堂——山体形象的模拟

（来源：作者组织，图片来自 COETZEE STEYN. 向自然致敬：南非 Bosjes 教堂[J]. 室内设计与装修，2017(6): 66-69.）

① 李立涛，魏鹏，张博. 盒子里的山水：记桂林万达城展示中心的设计与建筑[J]. 建筑与文化，2017(1): 44-46.

② COETZEE STEYN. 向自然致敬：南非 Bosjes 教堂[J]. 室内设计与装修，2017(6): 66-69.

3. 取"材"

（1）沙漠天文台

沙漠天文台位于伊朗南呼罗珊的伊斯法罕，基地高于地平线 1m，附近有一所学校，委托方希望这里能够成为一座可以容纳 20 人的天文台。由于伊斯法罕地区气候炎热干燥，植被稀少，土壤沙化严重，根据当地的地理环境，设计人员将主要的建筑材料选为在当地较易获得的泥土，通过木头制成的模具来制作建筑所使用的土砖，并通过泥土的颜色使整座建筑完美地融入周围环境。

（2）蓝石溪地农园会所

蓝石溪地农园会所位于山东济南城郊的一处农场中，基地周边有大量农田，不远处有山。建筑师提取山石、茅草、木材为主要材质，模仿山体的多重起伏特征，创作出与自然环境相协调的建筑，力图创造朴实、悠然的建筑质感（图 4-8）。

(a) 环境与原型：城郊农场与茅草、山石

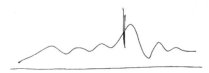

(b) 方法：模拟自然山体特征　　　　　　　　　　　　(c) 建成效果

图 4-8　蓝石溪地农园会所——石材等自然材质运用

4. 融"景"——水之教堂

水之教堂是日本建筑大师安藤忠雄的经典之作。项目位于日本北海道境内的星野度假村，静静伫立在山毛榉树林中的一片空地内，周围被山脉环绕。水作为方案中的重要元素通过周围的一条河流引入基地，形成一个人工池塘，将教堂与周围的自然融为一体，蓝天白云的景色映照在水面上，无论是参观的游人还是来此参加婚礼的宾客都能感受到自然的力量。

4.2.3　生物适应模式

自然界中的生物种类繁多，如动物、植物、微生物等，然而，对建筑影响最多的生物因子主要体现在植物类建筑材料的应用上，如木材、竹子、茅草等，在诸多地域建筑研究中，常有关于地方传统建筑材料案例的研究。本节以植物类建筑材料为例，探讨当代建筑文化中的生物生态型案例。

1.地域生物材料的当代建构

（1）塞内加尔文化中心——茅草屋顶的非线性设计

塞内加尔文化中心位于塞内加尔的一处偏远农村，当地气候炎热，农村环境原始，建筑主要材料为用作屋顶的茅草和用作围墙的土坯砖。新建的文化中心主要功能是作为聚会场所、表演中心和访问艺术家的驻地。日本建筑师 Toshiko Mori 以当地传统材料和建造技术为基础，结合当代建筑中的非线性设计方法，将茅草屋顶以当代适宜性的建造技术，设计成一个集地域传统、当代艺术特征、富有活力而开放的公共场所（图 4-9）。

 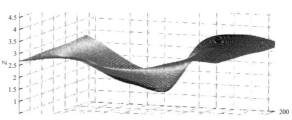

(a) 环境与原型：当地村落环境及特征　　　　　(b) 方法：非线性设计

(c) 建成效果

图 4-9　塞内加尔文化中心——茅草屋顶的非线性设计
（来源：作者分析，图片来自 https://www.dezeen.com）

（2）吉巴欧文化中心——传统材料的编织建构

吉巴欧文化中心位于南太平洋努美亚东部的蒂娜半岛上，周围被湖泊和茂盛的红树林环绕。当地属于热带草原气候，温暖潮湿，常年有稳定的信风。建筑作为当地的文化中心，拥有临时展馆、永久展馆以及多媒体图书馆等功能空间。建筑师在设计时借鉴了当地传统的棚屋形式，提取出其中"编织"的构造方式，通过使用新喀里多尼亚传统的建筑材料——木材、竹子，结合现代的不锈钢材料，对当地本土建筑材料与形式赋予了新的意义，展现了卡纳克地区的传统文化。

（3）树屋——传统竹子纹理的负形运用

树屋位于越南最大的城市——胡志明市，基地周围是胡志明市人口最为稠密的郊区，随着城市化的发展，植被覆盖率仅为 0.25%。设计师以"将绿色重新引入城市"为目标，希望将居民与自然环境重新联系在一起。建筑师使用了当地的天然材料竹子制成竹框架，与混凝土一起作为建筑的外墙，建筑内部则使用当地产的红色长方形砖石。高密度的居住空间与充满绿色生机的热带树木共存是整个项目最大的亮点（图 4-10）。

(a) 环境与原型：竹子纹理与花盆

(b) 方法：竹子纹理的负形处理与混凝土盒子

(c) 建成效果

图 4-10　树屋——传统竹子纹理的负形运用

（来源：作者分析，图片来自 Vo Trong Nghia 官网）

2. 生物特征的建筑转化

（1）竹林空间的建筑运用——赤水竹海国家森林公园入口

赤水竹海国家森林公园入口，位于贵州省西北部的赤水市城东，距离主城区约 40km。赤水竹海国家森林公园拥有 17 万亩的竹林资源，浩瀚的竹海遍布崇山峻岭，形成莽莽绿原。建筑师用一排排整齐的竹竿作为公园入口的外立面，内部则通过钢筋混凝土承重。建筑所使用的竹竿截面直径 10cm 左右、长约 11m，竹竿群形成的密集线条呼应了周围竹海的景色，巧妙地将建筑隐藏于自然风景之中（图 4-11）[①]。

---

① 魏浩波. 藏竹？醒竹！：贵州赤水竹海国家森林公园入口景观建筑体[J]. 建筑技艺, 2012(1): 228-233.

（2）鸟翼形式的建筑转化——竹之翼

竹之翼位于越南首都河内附近，当地属于热带季风气候，四季分明，全年降水较多。建筑通过挑空的羽翼结构创造出连续的大空间，可以作为举办婚宴、音乐会以及庆典的场所。建筑完全采用越南当地容易获得的生态材料——竹子搭建而成，没有使用任何钢结构或人造的材料，建筑师希望通过这一作品挖掘竹子作为建筑材料的潜在价值，使之不仅仅用作装饰材料。

(a) 环境与原型：竹海纹理及其空间特征

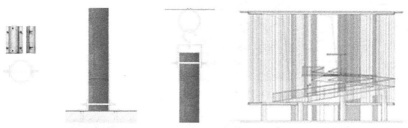

(b) 方法：竹海肌理及空间特征模拟

(c) 建成效果

图 4-11   赤水竹海国家森林公园入口——竹林空间的建筑运用
（来源：作者组织，图片来自西线工作室官网）

4.2.4   小结：自然环境生态型案例及其适应方法解析

自然环境是建筑存在于物质世界的基本环境，对其中的不利因素变通顺应及有利因素的合理利用是适应自然环境的基本策略。表4-1总结了上述自然环境生态型案例及其适应方法。

自然环境生态型案例及其适应方法   表 4-1

类型	序号	建筑名称	基本信息	图片	适应因素及适应方法
气候适应模式	N01	圣伯纳德礼拜堂	建筑师：Nicolás Campodonico 地点：阿根廷科尔多瓦 面积：92m² 时间：2015 年		适应因素：光 适应方法：光影变化与十字架结合

续表

类型	序号	建筑名称	基本信息	图片	适应因素及适应方法
气候适应模式	N02	旁遮普狮报大楼总部	建筑师：Studio Symbiosis Architects 地点：印度新德里 面积：18000m² 时间：2015 年		适应因素：光 适应方法：传统建筑遮阳元素的数字转化与运用
	N03	日落教堂	建筑师：BNKR 地点：墨西哥格雷罗州 面积：120m² 时间：2011 年		适应因素：光、山石 适应方法：①光影在教堂空间中的变化 ②形式对山石的模仿
地理适应模式	N04	The Screen	建筑师：李晓东 地点：中国浙江宁波 面积：600m² 时间：2013 年		适应因素：地形、自然空间 适应方法：①顺应地形 ②建筑空间的半透明化
	N05	桂林万达文旅展示中心	建筑师：腾远设计研究所有限公司、WAT 工作室 地点：中国广西桂林 面积：4000m² 时间：2016 年		适应因素：自然山水 适应方法：山水形式的抽象展现
	N06	贵安新区消防应急救援中心	建筑师：西线工作室 地点：中国贵州贵阳 面积：13890m² 时间：2017 年		适应因素：地形 适应方法：顺应地形
	N07	佛光岩游客接待中心	建筑师：西线工作室 地点：中国贵州赤水 面积：583m² 时间：2013 年		适应因素：地形、地貌 适应方法：①顺应地形 ②运用地方石材
	N08	沙漠天文台	建筑师：西线工作室 地点：伊朗南呼罗珊省 面积：69m² 时间：2017 年		适应因素：土壤 适应方法：运用当地土坯砖
	N09	水之教堂	建筑师：安藤忠雄 地点：日本北海道 面积：520m² 时间：1988 年		适应因素：自然空间 适应方法：自然水空间与禅意空间结合
	N10	Bosjes 教堂	建筑师：Steyn Studio 地点：南非 面积：430m² 时间：2016 年		适应因素：地貌 适应方法：山体形式的非线性建构

续表

类型	序号	建筑名称	基本信息	图片	适应因素及适应方法
地理适应模式	N16	蓝石溪地农园会所	建筑师：王泉、蔡善毅与Associates 地点：山东济南槐荫 面积：1530m² 时间：2014年		适应因素：地理因素 适应方法：石材、茅草、木材运用，山体形式模拟
生物适应模式	N11	塞内加尔文化中心	建筑师：托希科·莫里 地点：塞内加尔 面积：1050m² 时间：2015年		适应因素：自然材质 适应方法：地方茅草材料的非线性建构
	N12	吉巴欧文化中心	建筑师：伦佐·皮亚诺 地点：法属努美亚 面积：7650m² 时间：1998年		适应因素：自然材质 适应方法：地方木材、竹子材料的编织建构
	N13	赤水竹海国家森林公园入口	建筑师：西线工作室 地点：中国贵州赤水 面积：513m² 时间：2008年		适应因素：自然材料与空间 适应方法：①竹子运用 ②竹林空间的模仿
	N14	竹之翼	建筑师：Vo Trong Nghia（武重义） 地点：越南河内 面积：1600m² 时间：2010年		适应因素：自然材料 适应方法：①竹子材料的运用 ②鸟翼结构形式的模仿
	N15	树屋	建筑师：Vo Trong Nghia（武重义） 地点：越南胡志明市 面积：474m² 时间：2014年		适应因素：自然材料 适应方法：竹子材料负形纹理的运用

在上述案例一览表基础上，进一步归类、总结自然环境生态型案例的设计手法，可以提炼出四种：内外空间渗透、自然材质运用、自然特征利用、元素设计转化。每一个案例在不同自然环境中，建筑师通过具体分析与创作，使得每个案例具有不同特点（表4-2）。如赤水竹海国家森林公园入口建筑案例，第一，运用内外空间渗透的设计手法，使建筑内外空间较好地融合在一起；第二，运用竹子这种自然材质，使建筑与自然环境相协调；第三，运用元素设计转化的手法，自然材料经过建筑师的创作，更突显建筑的意境。

自然环境生态型案例的设计手法统计分析　　　　　　　　表4-2

案例		设计手法			
序号	建筑	内外空间渗透	自然材质运用	自然特征利用	元素设计转化
N01	圣伯纳德礼拜堂	●			●
N02	旁遮普狮报大楼总部			●	●

案例		设计手法			
序号	建筑	内外空间渗透	自然材质运用	自然特征利用	元素设计转化
N03	日落教堂	●		●	
N04	The Screen	●	●		●
N05	桂林万达文旅展示中心			●	●
N06	贵安新区消防应急救援中心			●	
N07	佛光岩游客接待中心		●	●	
N08	沙漠天文台		●		
N09	水之教堂	●		●	
N10	Bosjes 教堂	●		●	●
N11	塞内加尔文化中心		●		●
N12	吉巴欧文化中心		●		
N13	赤水竹海国家森林公园入口	●	●		●
N14	竹之翼		●		●
N15	树屋			●	
N16	蓝石溪地农园会所		●	●	

4.3　人造环境生态型建筑适应模式

人造环境是人类有意识改造自然世界的结果，对建筑文化的表达最具影响的因素：一是城市与周边建筑环境；二是在建筑基地内的建筑环境。本节从这两个方面举例，探讨适应人造环境生态因子的建筑案例。

4.3.1　城市环境适应模式

当一个建筑项目的基地坐落在城市环境中，会受到城市肌理、建筑风格等各方面的影响，如何在建筑设计时较好地处理新建建筑与城市及周边建筑之间的关系，是当代城市建筑文化设计的重要问题。本节列举了一些城市环境生态型建筑案例，它们较好地处理了新建建筑与城市环境之间的关系，主要有传统建筑形式的转换应用、城市肌理的和谐共生、周边环境的协同融合三种生态类型。

1. 传统建筑形式的转换应用

（1）泰州科学发展观展示中心——传统民居形式的转译
泰州科学发展观展示中心位于江苏泰州五巷传统历史街区南面，地处城市新、旧肌理的交接处，纹理关系复杂，富有挑战性。何镜堂院士设计团队设立了"和谐与发展"的设计主题，以泰州传统民居形式为设计原型，运用抽象提炼、单元组合、院落空间布局、细节刻画等手法，将新建建筑设计成既蕴含传统文化韵味又展现时代气息的"泰州新建筑"（图 4-12）。

(a) 环境与原型：历史街区与传统建筑形式

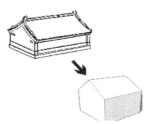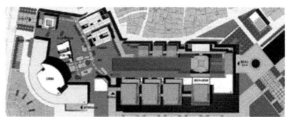

(b) 方法：抽象提炼与单元组合

(c) 建成效果

图 4-12　泰州科学发展观展示中心——民居形式的转译①

（2）苏州博物馆——苏州传统建筑形式的现代演绎

苏州博物馆紧邻中国私家古典园林拙政园，城市文化底蕴深厚。贝聿铭先生从三个方面将苏州古典建筑文化融入博物馆的设计中，一是空间的文化意境表现，以白墙为底，假山为画，是博物馆景观设计的点睛之笔；二是将古典园林建筑中的"六边形"与贝聿铭特有的多边形建筑设计母题结合，立体化的"六边形"成为主体建筑的中国文化元素；三是将江南建筑的粉墙黛瓦色彩关系几何性地运用到建筑中，使得建筑富含江南特色的同时，又不失现代形象的时代感（图 4-13）。

（3）绩溪博物馆——传统民居形式的多维转化

绩溪博物馆位于安徽绩溪县老城区，原址为旧县衙驻地，周边为绩溪传统街区，传统民居建筑遗存较多。建筑师李兴刚以聚落的手法，"折顶拟山""留树作庭"：一是以屋顶造

① 张振辉, 何镜堂, 郭卫宏, 等. 从绿色人文视角探索传承转化之路: 中国（泰州）科学发展观展示中心设计思考[J]. 建筑学报, 2013(7): 84-85.

型追求连绵起伏的徽州山意向，并与古镇远处的山峦相呼应；二是在建筑中间穿插了多个"明堂"、庭院、天井和街巷以及不同的灰瓦编织形式，与周边传统的民居院落形成同构共存。最终在山水、树木的见证下，将古镇的历史记忆与当代生活巧妙呼应，一同转化为富有地域态度的未来性，完美地回答了旧城保护、更新与活化的问题（图 4-14）。

除了国内一些建筑作品，国外的诸多建筑作品也在尝试将传统建筑形式应用到建筑创作中，如以下三个作品。

(a) 环境与原型：古典园林与传统民居建筑

(b) 方法：六边形立体化与色彩处理

(c) 建成效果

图 4-13　苏州博物馆——苏州传统建筑形式的现代演绎
（来源：工作室案例调研）

（4）食品别墅广场——周边建筑形式的组合建构

食品别墅广场位于泰国，建筑师在艺术、哲学、空间各个层次上付诸了思考，使食品别墅广场与泰国当地自然环境、生活模式相对应。一是作品以传统民居为形式来源，对建筑屋顶重新进行了剪切与组合，风格各异的店铺在屋顶这一水平基面的覆盖下，互为补充又融为一体。看似杂乱的店面排布、无序的材料拼接，无一不折射着该地市场的自由氛围和当地人们的洒脱生活。二是半透明样式的建筑立面，自然光能够轻松穿过。白天日光射入，晚上内部发光，建筑墙体的内外变得模糊不清，建筑与城市空间多角色叠加，一种空间的透明性油然而生。

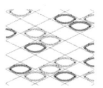

(a) 环境与原型：自然与城市，传统街区　　(b) 方法：院落布局与材质编织

(c) 建成效果

图 4-14　绩溪博物馆——传统民居形式的多维转化[①]

（5）腓特烈斯贝幼儿园——传统民居形式的简约重构

腓特烈斯贝幼儿园位于哥本哈根腓特烈斯贝市，周围是以坡屋顶为主的社区建筑。丹麦 COBE 建筑事务所突破了传统日托幼儿园的大规模建筑模式，创造性地采用了小村落模式。在城市肌理处理上，以极简的建构方法，融入富于变化但有节制的屋顶语言，适应了当地社区的尺度，反映出腓特烈斯贝高雅的文化姿态。从室外造型到室内陈设，以体块的抽象表达与多元的单元组合，不仅为儿童的小世界营建了亲密和有趣的空间，也重塑了腓特烈斯贝城市的文化历史品质与自信（图 4-15）。

(a) 环境与原型：城市环境与传统民居建筑　　(b) 方法：体块的抽象与单元的组合

(c) 建成效果

图 4-15　腓特烈斯贝幼儿园——传统民居形式的简约重构
（来源：作者组织，来自 www.cobe.dk）

（6）里伯教会活动中心——传统教堂形式的简化提炼

里伯教会活动中心位于丹麦小城里伯的一块遗迹废墟之上，正对丹麦最古老的里伯大

---

① 李兴钢, 张音玄, 张哲, 等. 留树作庭随遇而安折顶拟山会心不远：记绩溪博物馆[J]. 建筑学报, 2014(2): 40-45.

教堂，面临着欧洲城市当代和历史的复杂性问题。Lundgaard & Tranberg 事务所，一是对屋顶形式进行提炼简化，并将废墟与展厅结合，借用底层架空的开放性，寻求一种视觉的可达性，呈现出场地多层文化意蕴。二是创新里伯城市红褐色砖块的架构形式，回归到真正的北欧时间，于一种在地的历史语境下塑造了真正的当代北欧建筑立面（图 4-16）。

(a) 环境与原型：城市环境与建筑形式特征　　　　　　(b) 方法：屋顶形式的简化与红砖构法变异

(c) 建成效果

图 4-16　里伯教会活动中心——传统教堂形式的简化提炼

（来源：作者组织，图片来自 https://arcspace.com）

2. 城市肌理的和谐共生

（1）黑白院落——城市肌理的共生与对比

SONNENHOF 办公住宅混合功能楼（黑白院落）位于德国耶拿的历史中心，是一个综合功能建筑项目，由 4 座全新的办公楼和住宅楼组成。作品杂糅了共生与对比两种创作手法，以一种独立性与自然性结合的方式，既保护了耶拿的中世纪城市结构文脉又激发了区域活力。一是在历史视觉方面，建筑化整为零，在顺应了城市建筑肌理的同时，围合出一个小型的城市广场，拓展为城市结构中的一个重要节点，达到与现有城市的无缝连接。二是在建筑形体上，以新颖的楔形外观、纯净的黑白颜色和简洁的现代语汇嵌合于周围建筑之中，有对比度但又不显突兀，融于城市又不缺乏个性，场地与建筑实现了真正的和谐共生。

（2）Malopolska 艺术花园——城市文脉的延续

Malopolska 艺术花园位于克拉科夫文化中心的朱利叶斯洛伐克剧院和小波兰省图书馆之间，原址为马术竞技场，周围是极具 19 世纪特色的东欧传统街区。IEA 建筑事务所通过模仿和抽象历史建筑，一是在形体与功能上将建筑镶嵌于剧院和图书馆之中，组合成 T 形复合体，围合出一个包含了众多艺术文化生活的场景空间。二是通过竖条格栅、镂空屋顶和玻璃幕墙等元素实现建筑实体的消隐，最终以一个简单的结构和抽象的形式结合场地的历史文脉，给予周围历史建筑以全新的活力[①]。

---

① 胡玉洁, Krzysztof Ingarden. 过去与现在的碰撞: Malopolska 艺术花园[J]. 建筑知识, 2013(3): 116-119.

（3）阿麦尔儿童文化馆——城市肌理的织补

阿麦尔儿童文化馆位于丹麦哥本哈根阿迈厄岛的一个街角，相邻建筑为不同高度与体量的砖砌建筑。建筑师 Dorte Mandrup，一是以 L 形的体量嵌合于两个原有砖墙体块之中，围合出庭院空间，织补了城市肌理；二是通过对建筑体块的挤压和切割，保持原有建筑的尺度与比例，并以独特的形式和材料凸显于周围建筑。三是通过屋顶和建筑外表面的一体化处理，窗户的不规则排布，坡道、大台阶的植入，倾斜的侧面等元素来模糊屋顶和墙体的界限，以达到层的消解，创造一个别有乾坤的室内空间效果（图 4-17）。

（4）美国国家非洲裔历史与文化博物馆——城市空间秩序的延续

美国国家非洲裔历史与文化博物馆位于华盛顿林荫大道的尽头，西临华盛顿纪念碑，东接美国国家历史博物馆，独特的场地有着严格的规划要求。建筑师 David Adjaye，一是博物馆的轴线在美国国家历史博物馆东西轴线的延长线上，协调了草坪广场的整体轴线；二是博物馆以将大部分面积置于地下的手法，保持了景观中的微妙轮廓；同时博物馆南侧游廊的嵌入，成功衔接了室内空间和广场空间的转换；三是用铜格子表皮系统的创新性建构，借用了非洲裔美国人手工艺图案，与东馆的典雅、庄重相比，本馆以一种活泼、洒脱的形式语言为广场轴线的结束画上完美句号（图 4-18）。

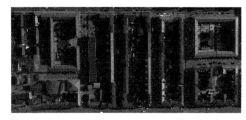

(a) 环境与原型：基地环境与建筑形式特征

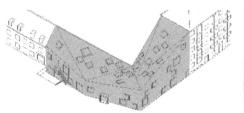

(b) 方法：新老建筑嵌合与窗户简化

(c) 建成效果

图 4-17　阿麦尔儿童文化馆——城市肌理的织补

（来源：作者组织，图片来自 www.iarch.cn）

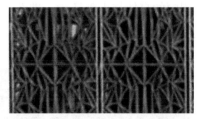

(a) 环境与原型：基地环境与工艺图案

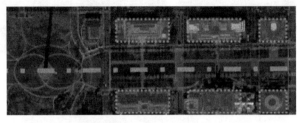

(b) 方法：轴线协调与建筑轮廓的呼应

(c) 建成效果

图 4-18　美国国家非洲裔历史与文化博物馆——城市空间秩序的延续

（来源：作者组织，图片来自 Archdaily）

3. 周边环境的协同融合

（1）水晶屋——传统与现代的渐变

水晶屋处于荷兰阿姆斯特丹豪华品牌街道上的一座古老砖楼里。MVRDV 事务所从材料的创新性入手，将独特品牌旗舰店的先锋性和历史风貌的传统性完美融合到一起：一是大量使用玻璃砖模仿了传统建筑立面，砖分层、窗框和额枋等元素都得到了详细表现，以期达到建筑实体消隐的状态；二是玻璃砖在竖向的发展中渐变转换成传统赤土砖外墙，达到了现代与传统的无缝衔接，也指明了下店上宅的传统功能模式。水晶屋通过对材料的创新性应用，实现了建筑形式的创新，在激发建筑特色和个性的同时，保留了地段传统性格（图 4-19）[①]。

（2）MWD 艺术学校——建筑与环境的多维呼应

MWD 艺术学校位于比利时布鲁塞尔市郊 Dilbeek 的 Westrand 文化中心内。基地有诸多限制：东临尖屋顶的郊区住宅，北起天然林保护区，西靠文化中心，南部为市政广场和餐厅。建筑师 Carlos Arroyo 在限制中创作，营建出天空、森林、建筑多语境的美：一是以重复与组合的锯齿状屋顶形式呼应四周的坡屋顶住宅；二是通过百叶窗多面的肌理感，可

① 威尼·马斯, 雅各布·凡·里斯, 娜塔莉·德·弗里斯, 等. 水晶屋[J]. 城市环境设计, 2016(5): 112-117.

以反射周围的自然与人工环境，进而消隐于大地之中，也可以在特定角度，呈现出多彩的条形光谱，塑造出自身的建筑个性。

(a) 环境与原型：城市环境与建筑风格特征

(b) 方法：建筑材质的渐变与玻璃砖的运用

(c) 建成效果

图 4-19　水晶屋——传统与现代的渐变
（来源：作者组织，图片来自威尼·马斯等的《水晶屋》）

（3）4×12 工作室——建筑材质的环境融合

4×12 工作室位于伊朗伊斯法罕阿巴斯·阿巴德居民区，基地周围是有着 500 多年历史的萨法维时代建筑民居形式。面对隐私和内向、透明和轻盈的双重要求，USE 建筑事务所巧妙地采取了双重表皮的手法：一是陶土砖编织建构的外层皮肤与外界环境协同，在维持了城市整体立面风貌和城市肌理的同时限定了一个私密和安静的内部空间；二是白色的核心体块和间隙空间，融入的水元素，使空间变得纯净轻松。

（4）中国美术学院民俗博物馆——梯田形式的建筑运用

中国美术学院民俗博物馆位于浙江杭州，基地曾经是一处梯田茶场，并且临近杭州的传统村落。建筑师隈研吾，一是利用梯田的层次错落形式，在坡形基地上层叠布置建筑单元，富有城市现代建筑特征，但又与地方人文传统相关；二是建筑材料源于当地传统村落中的灰瓦，并不只用作建筑屋顶材料，还将灰瓦编织建构成建筑的主要围护结构，创作出传统建筑材料的新形式（图 4-20）。

(a) 环境与原型：茶场梯田与传统民居建筑

(b) 方法：建筑层叠布局与材质编织　　　　　　　　　　(c) 建成效果

图 4-20　中国美术学院民俗博物馆——梯田形式的建筑运用

（来源：工作室案例调研及 Archdaily）

4.3.2　基地环境适应模式

基地环境主要是指在建筑基地内的既有建筑等制约因素。如今，城市历史街区的更新、历史建筑的改造，是城市发展的必经之路。本节列举了一系列较好地适应基地环境与巧妙设计的案例，分析其对基地环境的生态适应性，主要分为三种：整体改建、局部植入、主体加建。

1. 整体改建

（1）成都远洋太古里改造——传统街区的重塑

成都远洋太古里位于成都市锦江区商业零售核心地段，毗邻大慈寺，如何把丰富的文化和历史内涵与创意时尚的都市生活有机结合成为设计的重点。建筑师一是通过对历史建筑和古老街巷的修复与保留，将在地的衣食住行传统魅力继续呈现于建筑群落之中。二是加入新的 2～3 层建筑，把川西民居的建筑特色打散重构，嵌入金属格栅、大面积的玻璃幕墙等新元素，以现代的建筑语汇诠释传统的记忆与历史，营造出一个开放的室内外空间效果，一个属于成都的未来传统（图 4-21）[①]。

（2）北京四合院改造——现代材料的运用

该改造项目位于北京的前门东侧，距离天安门和长安街的步行时间仅 5min 左右。建筑经历了古典四合院、大杂院多种形式后，其居住环境已变得破败不堪。建筑师隈研吾试图以审慎的手法将四合院改造成充满活力的开放社区：一是从保留修复的木结构演变到玻璃幕墙、铝制构件等围护结构，实现了现代与传统的结合。二是铝幕形式来源于古典花窗元素，其两种构件的显性表达，形成了雕窗式的有机拼图图案，却又抽象出半透明屏风的日本风格，实现了中国与日本艺术元素的结合（图 4-22）。

---

① 郝琳. 未来的传统：成都远洋太古里的都市与建筑设计[J]. 建筑学报, 2016(5): 43-47.

(a) 环境与原型: 历史街区与街道空间　　　　　　(b) 方法: 历史建筑的修复与新元素的嵌合

(c) 建成效果

图 4-21　成都远洋太古里改造——传统街区的重塑

（来源: 工作室案例调研及郝琳《未来的传统——成都远洋太古里的都市与建筑设计》）

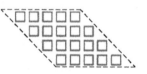

(a) 环境与原型: 传统四合院与窗花　　　　　　(b) 方法: 围护结构的衍变与窗格图案的拼图

(c) 建成效果

图 4-22　北京四合院改造——现代材料的运用

（来源: 作者组织, 图片来自 www.davincilifestyle.com）

（3）西海边的院子——院落的递进

西海边的院子位于北京什刹海西海东沿与德胜门内大街之间一个狭长拥挤的基地内。建筑师王硕以胡同文化特质的空间叙事性介入改造: 一是在三个不同形式的悬挑门廊限定出狭长空间的分格形式, 营造出多样的复合空间体验。二是在火山岩、楸木, 尤其是筒瓦垂直扭转的建构下, 庭院内具有了与胡同模式相符合的多层次材质感受; 并进一步通过变化的窗景渗透到室内空间中。在外部城市与内部庭院、室外庭院和室内空间的多维度渗透中, 实现北京胡同记忆场景的再现（图 4-23）[①]。

（4）西班牙帕伦西亚文化中心——新旧建筑的整合

西班牙帕伦西亚文化中心原是一座建于 19 世纪末的砖砌墙面监狱, 属于新穆哈尔式风格。改造后, 成为帕伦西亚重要的文化活动中心。Exit 建筑事务所的建筑师通过重整

---

① 王硕, 张婧.西海边的院子[J]. 建筑学报, 2015(10): 40-44.

旧空间、创造新结构的手法，以适应更多的活动形式：一是在建筑四翼嵌入全新靠独立结构支撑的新建筑，兼以新建连廊衔接主体建筑，用现代、柔和的建筑形式打破原监狱空间的压抑感。二是以镀锌屋面替换破败不堪的瓦屋面，达到屋顶形式的趋同，并在顶部植入大型天窗，为室内空间引入平和的自然光线，形成了建筑厚重历史感和轻盈现代感的对比[①]。

（5）小米醋博物馆——文化元素的植入

小米醋博物馆位于山东淄博，是企业厂区的一处老建筑的改建。建筑师将醋坛、醋瓶的空间特征，表达在建筑的外部立面、内部空间中，创造出丰富的空间体验。材质上，将瓷瓶的开片特征表达在建筑立面材质的纹理上，从而使建筑立面的质感更为丰富（图 4-24）。

(a) 环境与原型：老厂房狭长空间与筒瓦　　　　　　(b) 方法：狭长空间的分格

(c) 建成效果

图 4-23　西海边的院子——院落的递进

（来源：作者组织，图片来自王硕、张婧的《西海边的院子》）

(a) 环境与原型：老厂房与醋坛子、大地龟裂纹理

(b) 方法：文化元素植入　　　　　　　　　　(c) 建成效果

图 4-24　小米醋博物馆——文化元素的植入

① 钱辰伟. 西班牙原帕伦西亚监狱改建城市文化中心项目[J]. 城市建筑, 2012(6):86-92.

2. 局部植入

（1）杭州中山路改造——新建筑元素的植入

杭州中山路位于杭州市上城区，是南宋都城临安城中南北走向的主轴线御街，对中山路的改造是一项艰巨、复杂的城市综合保护工程。建筑师王澍通过把一系列新的两层左右的小建筑建于新大楼前面，把街道变窄，以图保留市井街坊的生活气息，重构水乡城市。这些小建筑的侧重点各异，或是对结构、材质的现代性表达，或是对传统形式的重新诠释，或是对新元素的传统运用，都是在杭州水乡城市的文化姿态之下，将大众生活、人文的雅致与自然环境相融合的结果（图 4-25）。

(a) 环境与原型：历史街区与历史建筑形式　　　　　(b) 方法：新元素运用与历史形式的变形

(c) 建成效果

图 4-25　杭州中山路改造——新建筑元素的植入

（来源：工作室案例调研及 www.ikuku.cn）

（2）扭院儿——建筑空间的内外融合

扭院儿位于北京大栅栏的排子胡同，是一座单进四合院。建筑师韩文强基于已有院落，植入"一段曲线"，与原有机体形成共生状态，进而改变了四合院的传统格局，重塑了四合院的意境：一是利用这条曲面实现了室内外的平滑连接、围护结构的简化，并将原有私密空间与公共空间的对比与分割模糊化，使室内外空间融合成一种动态的平衡。二是镶嵌功能体块，空间模式和居住模式之间取得可扭转性，加之整合式家具的弹性切换，实现了在一个构架下能容纳不同生活方式，激活了整个四合院空间（图 4-26）[①]。

（3）卡萨尔巴拉格尔文化中心——新建筑的缝隙重生

卡萨尔巴拉格尔文化中心位于西班牙帕尔马地区，原是一座建于 13 世纪巴洛克风格的古老宫殿，曾在 16 世纪与 18 世纪经过翻新与扩建，建筑空间丰富而复杂。Flores & Prats 工作室和 Duch-Piza 事务所在当下的整体语境下，将棱角分明的新建筑形体镶嵌于旧建筑的缝隙中，展现了一个新的时代：一是搭建了一个独立于建筑平面的结构网格，在空间上满足新功能同时，保留了原有宫殿的独特空间；二是串联起了天井、拱顶和塔楼，创造了一个统一的屋顶平面，解决交错无序的砖瓦形式和雨水排放问题；三是保留了建筑的历史

---

① 韩文强, 黄涛, 王宁, 等. 扭院儿[J]. 世界建筑导报, 2017(5): 11-15.

痕迹，模糊了建筑的年代归属，明确了建筑的可持续性。

（4）圣弗朗西斯科教堂改造——现代体块的植入

圣弗朗西斯科教堂位于西班牙加泰罗尼亚小镇，始建于 18 世纪初，经过几个世纪的使用，教堂已变得破烂不堪。建筑师 David Closes 对于旧建筑既不完全翻新，也不补救，而是在原有要素的基础上植入新的元素。用水泥、玻璃以及金属材质建构新的形体，穿插嵌入旧教堂建筑之中，新老建筑并置、交叉、相互渗透。教堂保留了其建筑的完整性，单元化的形式秩序得以延续，结构秩序得以重构，在改造后焕发了全新的生命力量。

（5）凤凰措艺术乡村——空心村活力再生

凤凰措的定位是乡村艺术区，是一个乡村活力再生的项目。村落选址为日照市杜家坪，村子是一个典型的空心村，许多房子已经荒废，大部分房子采用石材建造。设计中，保留了村落的肌理与老建筑，保护与再生相结合，将新的功能体块植入老建筑、院落中，并运用混凝土、钢材、玻璃体等多种新元素，创造出村落的活力空间（图 4-27）。

(a) 环境与原型：既有四合院与封闭院落　　　　　(b) 方法：功能体块镶嵌与内外空间的融合

(c) 建成效果

图 4-26　扭院儿——建筑空间的内外融合
（来源：作者组织，图片来自韩文强等的《扭院儿》）

(a) 环境与原型：石材与老建筑　　　　　(b) 方法：功能体块镶嵌与新材质的运用

(c) 建成效果

图 4-27　凤凰措艺术乡村——空心村活力再生

3. 主体加建

（1）石材谷仓上的新屋——新旧建筑的嵌合

石材谷仓上的新屋位于北爱尔兰，原是一座废弃的石头谷仓。McGarry-Moon 建筑事务所把现代技术和北爱尔兰传统的建筑技艺结合在一起，保留了原有谷仓的整体性，营建了一个在地的现代乡村住宅：一是在保留了旧仓库地基和外墙的基础上，内部植入新的金属结构，异化了原始空间的类型，以更现代的外形达到新旧建筑的嵌合。二是新建部分遵循了当地谷仓的形式逻辑，并通过简化、剪切的手法，在东南和西南边裁出大片的落地窗，框进了绝佳的景观和充沛的日光。

（2）里加剧院扩建竞赛——新旧空间的融合

里加剧院位于拉脱维亚，是一座专业级别的剧院，持续为人们提供了丰盛的艺术盛宴。为了满足现代观演空间的需求，需要扩建一个可以容纳 500 人的当代剧院。NRJA + IG Kurbads 建筑事务所运用嵌合的手法，把扩建部分嵌入旧剧场的院子中，在顶部扩散为一个简约、流畅、高光洁度、扭曲的覆盖表皮，将旧剧场复杂的历史功能包罗在内，并在高度上匹配相邻建筑物。在墨灰色的皮肤之下，旧剧场原始的公共空间和历史记忆的完整性得到了全面的保存，全新的当代观演空间得以完美地嵌入。

（3）蓝宝石酒厂改建——新老建筑的协调并置

蓝宝石酒厂英国汉普郡，原是一个有着多年历史的水力造纸厂。新酒厂对建筑和场地景观进行了修复，营建了一个开放的工厂空间。Heatherwick 事务所从英国温室历史和玻璃加工技术中吸取经验，在水景观与旧建筑旁边并置了两个极具张力流线型玻璃温室，与旧建筑形成形式上的对比。玻璃温室在建筑一侧收束嵌入酿酒蒸馏厂房中，在获得生产余温保证植物生存的同时，新老建筑之间形成了协调的并置关系。

（4）Mariehøj 文化中心——屋顶的曲线延伸

Mariehøj 文化中心位于丹麦哥本哈根霍尔特，场地中有两栋不相邻的坡顶建筑。WE 建筑事务所以开放的姿态，创造了多种可能：一是通过文化中心的嵌合，所有建筑重组成一个良好的群体，产生了更多的交叉领域和交会点，满足了人们对多种空间活动的不同需求。二是把屋顶形式曲线化，并延伸至地面，模糊了地面、墙体和屋顶等要素之间的界限，达到"层"的消解，完美地融于场地。此外，建筑师在屋顶上将文化广场和后花园连为一体，人们可以自由地站立活动，以一个全新的设计类型实现了场所文脉的交互。

4.3.3 小结：人造环境生态型案例及其适应方法解析

人造环境不同于自然环境对建筑文化表达的影响，主要体现在城市秩序与邻近建筑空间及形式对建筑的限制上，所以对城市肌理及秩序的顺应与对邻近建筑的合理呼应，是适应人造环境的主要策略。下表总结了本节人造环境生态型案例及其适应方法（表 4-3）。

人造环境生态型案例及其适应方法　　　　　表 4-3

（表格来源：作者自绘）

类型	序号	建筑名称	基本信息	图片	适应因素及适应方法
城市环境适应模式	H01	泰州科学发展观展示中心	建筑师：何镜堂 地点：中国江苏泰州 面积：17970m² 时间：2011 年		适应因素：历史街区 适应方法：传统民居形式转换与运用
	H02	中国美术学院民俗博物馆	建筑师：隈研吾 地点：中国浙江杭州 面积：4970m² 时间：2015 年		适应因素：人造梯田 适应方法：建筑形式的层叠模仿
	H03	苏州博物馆	建筑师：贝聿铭 地点：中国江苏苏州 面积：17000m² 时间：2004 年		适应因素：古典园林 适应方法：1. 传统几何形式的转换应用 2. 民居色彩的运用
	H04	绩溪博物馆	建筑师：李兴刚 地点：中国安徽绩溪 面积：10003m² 时间：2013 年		适应因素：传统民居 适应方法：1. 明堂形式的转换运用 2. 传统民居材料的建构
	H05	食品别墅广场	建筑师：I Like Design Studio 地点：泰国 面积：4000m² 时间：2013 年		适应因素：周边民居 适应方法：民居建筑形式的简化与拼贴组合
	H06	腓特烈斯贝幼儿园	建筑师：COBE 地点：丹麦哥本哈根腓特烈斯贝市 面积：1700m² 时间：2015 年		适应因素：城市建筑 适应方法：传统民居形式的简约重构
	H07	黑白院落	建筑师：J. MAYER H. 地点：德国耶拿 面积：9555m² 时间：2015 年		适应因素：城市肌理 适应方法：新建筑肌理流线化适应

类型	序号	建筑名称	基本信息	图片	适应因素及适应方法
城市环境适应模式	H08	水晶屋	建筑师：MVRDV 地点：荷兰阿姆斯特丹 面积：840m² 时间：2016 年		适应因素：城市建筑 适应方法：建筑实体的消隐与材质的转换
	H09	MWD 艺术学校	建筑师：Carlos Arroyo 地点：比利时 面积：3554m² 时间：2012 年		适应因素：城市环境 适应方法：1. 民居形式重复与组合 2. 镜面材料的反射
	H10	4×12 工作室	建筑师：USE Studio 地点：伊朗伊斯法罕 面积：70m² 时间：2011 年		适应因素：城市建筑 适应方法：建筑双重表皮中外表皮的材质适应
	H11	Malopolska 艺术花园	建筑师：Ingarden & EwýArchitects（IEA） 地点：波兰克拉科夫 面积：4330m² 时间：2012 年		适应因素：周边建筑 适应方法：新老建筑形式与比例的协调
	H12	阿麦尔儿童文化馆	建筑师：Dorte Mandrup 地点：丹麦哥本哈根 面积：不详 时间：2013 年		适应因素：周边建筑 适应方法：1. 新老建筑的形式嵌合 2. 窗户细节的刻意对比
	H13	里伯教会活动中心	建筑师：Lundgaard & Tranberg Architects 地点：丹麦里伯 面积：1079m² 时间：2015 年		适应因素：周边建筑 适应方法：1. 传统建筑形式的简化运用 2. 建筑材质的色彩适应
	H14	美国国家非洲裔历史与文化博物馆	建筑师：David Adjaye 地点：美国华盛顿 面积：39019m² 时间：2016 年		适应因素：城市环境 适应方法：1. 城市轴线协调 2. 建筑轮廓的环境呼应
基地环境适应模式	H15	杭州中山路改造	建筑师：王澍 地点：中国浙江杭州 面积：不详 时间：2011 年		适应因素：内部历史建筑 适应方法：1. 传统形式的变形 2. 材质的灵活运用 3. 新形式元素的嵌合

类型	序号	建筑名称	基本信息	图片	适应因素及适应方法
基地环境适应模式	H16	成都远洋太古里改造	建筑师：The Oval Partnership MAKE Architects 中国建筑西南设计研究院有限公司 地点：中国四川成都 面积：25 万 m² 时间：2014 年		适应因素：内部历史街区 适应方法：1. 民居建筑形式的简化运用 2. 传统街巷空间的转化
	H17	北京四合院改造	建筑师：隈研吾 地点：中国北京 面积：不详 时间：2016 年		适应因素：历史建筑 适应方法：1. 金属材料的嵌入 2. 窗格图案的拼图
	H18	扭院儿	建筑师：建筑营设计工作室 地点：中国北京 面积：161.5m² 时间：2016 年		适应因素：历史建筑 适应方法：建筑内外空间的融合
	H19	西海边的院子	建筑师：META 地点：中国北京西海 面积：800m² 时间：2013 年		适应因素：既有建筑 适应方法：1. 多进院落的设计 2. 传统筒瓦材质的建构
	H20	卡萨尔巴拉格尔文化中心	建筑师：Flores, Prats 地点：西班牙帕尔马 面积：2500m² 时间：2014 年		适应因素：历史建筑 适应方法：新功能体块与历史建筑的嵌合
	H21	石材谷仓上的新屋	建筑师：McGarry-Moon Architects 地点：英国 面积：110m² 时间：2013 年		适应因素：既有建筑 适应方法：新体块与旧建筑的嵌合
	H22	里加剧院扩建竞赛	建筑师：NRJA + IG Kurbads 地点：拉脱维亚 面积：不详 时间：2013 年		适应因素：既有建筑 适应方法：新老建筑嵌合

类型	序号	建筑名称	基本信息	图片	适应因素及适应方法
基地环境适应模式	H23	蓝宝石酒厂改建	建筑师：Heatherwick Studio 地点：英国汉普郡 面积：4500m² 时间：2014 年		适应因素：既有建筑 适应方法：新体块与老建筑的嵌合
	H24	帕伦西亚文化中心	建筑师：Exit Architects 地点：帕伦西亚 面积：5077m² 时间：2011 年		适应因素：既有建筑 适应方法：新体块与老建筑的嵌合
	H25	圣弗朗西斯科教堂改造	建筑师：David Closes 地点：西班牙加泰罗尼亚 面积：950m² 时间：2011 年		适应因素：历史建筑 适应方法：新功能体块与既有建筑的穿插
	H26	Mariehøj 文化中心	建筑师：WE Architecture 地点：丹麦霍尔特 面积：800m² 时间：2015 年		适应因素：既有建筑 适应方法：1. 屋顶形式曲线化 2. 新体块与老建筑嵌合
	H27	凤凰措艺术乡村	建筑师：北京观筑景观规划设计院 地点：山东日照南湖镇 面积：2000m² 时间：2017 年		适应因素：既有建筑 适应方法：1. 新功能体块植入 2. 新老材质的对比
	H28	小米醋博物馆	建筑师：天津大学建筑规划设计研究院 地点：山东淄博 面积：835m² 时间：2016 年		适应因素：既有建筑 适应方法：1. 文化元素的植入 2. 材质纹理的表达

在上述案例总结表的基础上，进一步归类、总结人造环境生态型案例的设计手法，可以提炼出四种：传统元素转化应用、顺应城市肌理、协调新老建筑、植入新元素。每一个案例在不同人造环境中，面临不同的限制条件，建筑师通过具体分析与创作，使得每个建筑在不同设计手法的表达下，均与环境特征相适应（表 4-4）。如泰州科学发展观展示中心

建筑案例，对泰州历史街区内传统民居建筑元素进行提取、转化及运用，在展现新时代建筑形象的同时，与历史街区形成较好的呼应。

自然环境生态型案例的设计手法统计分析　　　　　表 4-4

案例		设计手法			
序号	建筑	传统元素 转化应用	顺应城市肌理	协调新老建筑	植入新元素
H01	泰州科学发展观展示中心	●			
H02	中国美术学院民俗博物馆	●			
H03	苏州博物馆	●			
H04	绩溪博物馆	●			
H05	食品别墅广场	●			
H06	腓特烈斯贝幼儿园	●			
H07	黑白院落		●		
H08	水晶屋	●	●		
H09	MWD 艺术学校	●	●		
H10	4×12 工作室		●		
H11	Malopolska 艺术花园		●	●	
H12	阿麦尔儿童文化馆		●	●	
H13	里伯教会活动中心	●	●	●	
H14	美国国家非洲裔历史与文化博物馆		●		
H15	杭州中山路改造	●		●	●
H16	成都远洋太古里改造	●			
H17	北京四合院改造				●
H18	扭院儿				●
H19	西海边的院子	●			●
H20	卡萨尔巴拉格尔文化中心				●
H21	石材谷仓上的新屋	●			●
H22	里加剧院扩建竞赛				●
H23	蓝宝石酒厂改建				●
H24	帕伦西亚文化中心				●
H25	圣弗朗西斯科教堂改造				●
H26	Mariehøj 文化中心	●			●
H27	凤凰措艺术乡村				●
H28	小米醋博物馆	●			●

4.4　文化环境生态型建筑适应模式

文化环境是一定区域内的人类思想意识与文化观念的集成，其中精神文化、形制文化、历史文化、民俗文化等文化因素时常会对建筑文化的表达形成较强影响。本节从以上四个方面举例，探讨建筑的文化环境生态型案例。

4.4.1　精神文化适应模式

精神文化是人类在从事物质文化基础生产上产生的一种人类所特有的意识形态，它是人类各种意识观念形态的集合。其中，哲学观念与宗教信仰对建筑文化表达的影响最为深厚，本节选取了四个当代建筑案例，分析其对精神文化的生态适应。

1. 西双版纳万达文华度假酒店——南传佛教建筑的转译

西双版纳万达文华度假酒店坐落于中国云南省最南端，OAD 建筑事务所充分发掘了傣族文化的独特资源：一是借用孔雀、莲花等宗教符号和图腾结合简化的墙、屋顶结构形式，优雅地将当地传统与当代风格融合在一起。二是建筑群以南传佛教佛塔为中心次第展开，是一种循环往复的无限加持，佛教原始曼陀罗式的向心空间方位感油然而生。三是通过柱廊与水池形式的结合，营造了独具风情的水景场所，契合了傣族特色的生活方式[①]。

2. 大厂民族宫——伊斯兰建筑特征的现代重构

大厂民族宫位于邻近北京的一个穆斯林族群聚居地，有着复杂的宗教、历史以及功能需求。主建筑师何镜堂院士以"两观三性"为设计原则，利用新材料和新技术，对传统的清真寺空间结构进行了重新演绎：一是对穹顶形式进行了简洁化，通过花瓣状的圆顶，日光成为室内复杂空间的中介。二是周围的拱门从下往上收缩成优雅的曲线，重复地并置暗含了对于流畅与韵律的审美要求。三是在表皮处理中，伊斯兰符号得到了抽象和转译，并以一种立体化的形象呈现出来（图 4-28）[②]。

3. 西藏尼洋河游客中心——藏族经幡色彩的建筑运用

西藏尼洋河游客中心位于西藏林基大泽村口的一片河滩上，公路分隔了河岸和附近山脉的联系，孤立了基地。建筑师赵杨以谨慎的态度介入复杂的场地环境和极高水准的建筑文化传统中，将现代主义元素带到西藏，与地域元素进行结合：一是运用并发展了当地的

---

① 伟华, 李娟, 徐小莉. 高端度假酒店景观设计中文化主题的运用：西双版纳万达六星文华酒店设计[J]. 中外建筑, 2014(11): 38-43.

② 盘育丹, 何镜堂, 郭卫宏, 等. 根植文脉 传承创新: 大厂民族宫建筑创作[J]. 建筑学报, 2016(11): 43-45.

堆石技术，创造了一个外部边界呼应环境、内部空间不规则的石材几何空间。二是将当地传统文化解构、重组，扩展为建筑内部抽象性的缤纷颜色，避免了对地域文化符号化的简单使用（图4-29）[①]。

(a) 环境与原型：伊斯兰信仰与清真寺　　　　(b) 方法：拱券非线性化与"纹样"立体化

  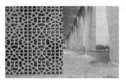 

(c) 建成效果

图 4-28　大厂民族宫——伊斯兰建筑特征的现代重构

（来源：作者组织，图片来自盘育丹、何镜堂等的《根植文脉　传承创新——大厂民族宫建筑创作》）

(a) 环境与原型：藏族佛教信仰与经幡色彩　　　　(b) 方法：建筑空间的色彩应用

(c) 建成效果

图 4-29　西藏尼洋河游客中心——藏族经幡色彩的建筑运用

（来源：作者组织，图片来自赵扬等的《尼洋河游客中心》）

4. 狭山森林小教堂——合掌结的单元组合

狭山森林小教堂位于日本琦玉县狭山湖畔的一块三角形场地之上，水、墓地和森林四周环绕。建筑师 Hiroshi Nakamura 以日本"祈祷"手势为契合点，将建筑与宗教理念结合起来，营建了一个安静的祈祷场所：一是将日本合掌结（Gassho）风格建筑图解形成倾斜的墙壁、尖尖的屋顶和弯曲的铸铝板，形成了丰富的肌理。二是以立体结构为单元向各个

① 赵扬, 陈玲, 孙青峰. 尼洋河游客中心[J]. 城市环境设计, 2010(6): 100-103.

方向组合、发展，形成了最简单又最多变的建筑形体（图4-30）①。

(a) 环境与原型：日本祈祷手势与合掌结　　　　　　　(b) 方法：多单元组合与木材运用

(c) 建成效果

图 4-30　狭山森林小教堂——合掌结的单元组合

（来源：作者组织，图片来自中村拓志的《温暖的包围——日本狭山森林教堂》）

4.4.2　形制文化适应模式

不同的时代，以及在社会经济、地理环境、习惯风俗、民族特点及宗教信仰等诸多因素影响下，形成了地域建筑的多样性②，本节将具有不同建筑文化特征的建筑样式称为建筑形制，而反映出的制度性建筑文化特征称为形制文化。本节选取了一些当代建筑案例，分析国内外建筑师如何运用地域建筑形制进行当代建筑创作，主要从四个方面举例："院落"空间的灵活营造、"建筑"形制的转化运用、"屋顶"形制的现代建构、"细节"形制的当代转译。

1."院落"空间的灵活营造

（1）范曾艺术馆——院落的叠加

范曾艺术馆位于江苏南通大学校园内，是为满足范曾大师书画艺术作品以及南通范氏诗文世家的展示、交流、研究、珍藏需要而建造的。工作室以传统的"院"空间为切入点，探索了别具意境的院空间：一是在竖直方向上构架了井院、水院、石院、合院叠加组合的立体院落，创造了一系列出乎意料的空间转折。二是旋转的屋顶指向了湖面的构筑物，脱离了校园的网格秩序，又暗含了底层的穿透路径。三是通过黑色洞石与淡灰色陶棍的编织，寻求了一种于不饱满中呈现饱满的"计白当黑"的意境（图4-31）③。

（2）森庐——静谧院落营造

森庐是一个坐落于云南丽江郊外，玉龙雪山脚下的私人会所。建筑四周一片开阔，玉龙雪山成为它的宏伟背景。建筑师李晓东主动寻找对话对象，"以人工收自然之气，为山水

① 中村拓志. 温暖的包围：日本狭山森林教堂[J]. 室内设计与装修, 2016(11): 110-115.

② 李浈. 中国传统建筑形制与工艺[M]. 2 版. 上海：同济大学出版社, 2010: 33.

③ 张姿，章明，孙嘉龙. 院·境：范曾艺术馆[J]. 时代建筑, 2014(6): 89-97, 88.

作注"：一是以合院围合和墙壁分隔保持与外界的对立，将景色藏于院中。从入口到厅堂的空间序列，以水面为核心营造了静谧流通的空间氛围。二是用现代的建筑语汇解释经典空间，把主角归还于建筑的尺度与空间。最终在建筑师匠心独运的安排下，建筑在旷野中站稳根基，既保留了自我的存在感，又将天然之景纳为己用（图 4-32）[①]。

（3）唐山有机农场——院落的多重围合

有机农场位于唐山城区边缘的一片农田之中，周边零散分布着村落和房屋。建筑设计工作室在概念和结构上做出全新的探索：一是以传统合院建筑为原型，由四个相对独立的房屋以及外部游廊拓扑组合或多重围合的空间，适应了工作与参观的复合要求。二是在结构上以框架化的木结构、简化的屋顶形制和半透明 PC 板外墙，营建了一个轻盈透明的建筑形体，打破了以往枯燥、内外分离的工业建筑局限（图 4-33）[②]。

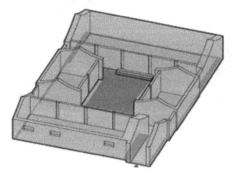

(a) 环境与原型：范曾国画作品与传统院落

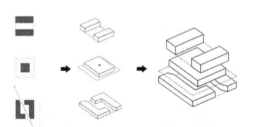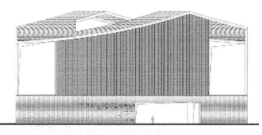

(b) 方法：院落的叠加组合与屋顶形式变形

(c) 建成效果

图 4-31　范曾艺术馆——院落的叠加

（来源：工作室案例调研及张姿等的《院·境——范曾艺术馆》）

---

① 李晓东. 注解天然：云南丽江森庐[J]. 城市环境建设, 2009(11): 24-29.

② 韩文强. 田野中的"四合院"：唐山乡村有机农场设计[J]. 建筑学报, 2017(1): 90-95.

(a) 环境与原型：丽江古城环境与建筑院落

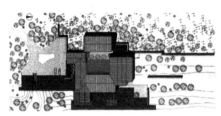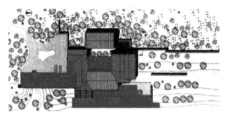

(b) 方法：院落围合与静谧水环境营造

(c) 建成效果

图 4-32   淼庐——静谧院落营造

（来源：作者组织，图片来自李晓东的《注解天然——云南丽江淼庐》）

(a) 环境与原型：四合院屋顶与围合空间   (b) 方法：屋顶简化剪切与多重围合空间

(c) 建成效果

图 4-33   唐山有机农场——院落的多重围合

（来源：作者组织，图片来自韩文强《田野中的"四合院"——唐山乡村有机农场设计》）

2."建筑"形制的转换运用

（1）土楼公舍——客家土楼的现代居住模式

土楼公舍位于广东南海万科四季花城，是对当代中国集合住宅的一次富有创意的探索。都市实践建筑事务所对土楼原型进行了尺度、功能、空间、经济模式等方面的现代演绎：

一是多种居住单元在圆形放射性的约束下叠加组合，创造了一个传统土楼居住文化与低收入住宅的结合模式，营建了一个内向的居住环境，更建立了一个具有亲和力的居住社区。二是以底层空间的开放化和立面表皮的透明化打破了客家土楼的封闭性，对其进行了现代生活和城市发展的适应性改变（图 4-34）①。

(a) 环境与原型：城市聚居现象与客家土楼　　　　　(b) 方法：多种居住单元与叠加组合

(c) 建成效果

图 4-34　土楼公舍——客家土楼的现代居住模式
（来源：作者组织，图片来自刘晓都、孟岩的《土楼公舍》）

（2）曲阜孔子研究院——明堂辟雍的现代建构

孔子研究院位于山东曲阜，是一座集研究、会议、收藏、展示于一体的综合研究中心。吴良镛先生把建筑设计纳入城市设计的宏观空间体系之中：一是选址于孔庙中轴线以南800m 左侧，既保护了古城原有风貌，又综合了历史文化资源和公共服务设施的综合优势。二是在总体布局上采用"洛书""河图"与"九宫"格式，图解了孔子的文化理想。中央"辟雍"广场提取了古代明堂辟雍方圆结合的基本结构，并进行现代建构，达到了整体环境与文化寓意的完美融合。三是细部处理采用传统与现代相结合的雕塑与装饰，对建筑最大程度地赋予了中华民族的地区性和民俗性（图 4-35）②。

（3）黄帝陵祭祀大殿——传统大殿形式的开放转化

黄帝陵轩辕庙位于原轩辕庙以北庙区中轴线上，直抵凤凰岭麓。张锦秋院士充分考虑了这座国家级祭祀建筑的特殊性：一是格局上严格遵守有鲜明民族文化特征的中轴对称和择中观，整座建筑简洁、古朴、宏伟。二是多重隐喻了我国传统元素，方形大殿中有圆形天光，隐喻"天圆地方"，青、红、白、黑、黄五种彩色石材的地面铺砌隐喻传统的"五色土"。三是以简练的石构、符合现代审美的情趣超越了形制、尺度和比例问题，上升到写意的手法，创造出一种具有圣地感的场所意境，表达了一种悠长深远的历史感和传统文化精神（图 4-36）③。

① 刘晓都，孟岩. 土楼公舍[J]. 时代建筑，2008(6): 48-57.

② 吴良镛，张悦. 基于历史文化内涵的曲阜孔子研究院建筑空间创造[J]. 空间结构，2009(4): 7-16.

③ 张锦秋，高朝君，张小茹，等. 黄帝陵轩辕庙祭祀大殿，延安，中国[J]. 世界建筑，2015(3): 60.

（4）圣温塞斯拉斯教堂——罗马式教堂的极简转化

圣温塞斯拉斯教堂位于捷克 Zlín 地区的 Sazovice 村庄的中心区域，是村庄的标志性建筑。Atelier Štěpán 工作室放弃了传统十字形教堂形式，采用了 10 世纪罗马式教堂的圆形来表达神圣的象征：一是在圆柱纯净体块的基础上，像切割纸筒一样剪切出窗户和入口，使自然光线从不同的通道流入教堂内部，进而得到一个轻盈流动的建筑形体。二是纯净极简的礼拜空间，使面向祭坛的仪式导向性和升腾向上的空间导向性得到了无限放大，无意中影响着人的精神。

(a) 环境与原型：曲阜孔子研究院与明堂辟雍原型

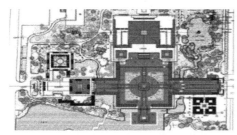

(b) 方法：建筑的九宫布局与明堂的现代建构

(c) 建成效果

图 4-35　曲阜孔子研究院——"明堂辟雍"的现代建构
（来源：作者自拍及来自吴良镛等的《基于历史文化内涵的曲阜孔子研究院建筑空间创造》）

（5）孔子博物馆——大殿式建筑的现代转换

孔子博物馆位于曲阜市南部新区，主要展示孔子的生平事迹以及儒家文化经典。建筑师以曲阜孔庙的大成殿为原型，将建筑主体构成分为多层台基、建筑主体。同时主体建筑在多个层次上，将大成殿的元素进行现代设计转换，一是将主入口的十一开间，转换为建筑中的十一个玻璃幕墙；二是将斗拱承接构建，转换为建筑屋顶下的多重挑檐；三是将大成殿的重檐庑殿顶，转换设计为具有现代线条与材质特征的两层屋檐（图 4-37）。

(a) 环境与原型：择中观与传统大殿形式

(b) 方法：中轴对称布局与建筑形式的简化

(c) 建成效果

图 4-36　黄帝陵祭祀大殿——传统大殿形式的开放转化

（来源：工作室案例调研及张锦秋等的《黄帝陵轩辕庙祭祀大殿，延安，中国》）

(a) 环境与原型：曲阜孔庙大成殿及细节　　　　　　(b) 方法：历史形制原型的现代转换

(c) 建成效果

图 4-37　孔子博物馆——大殿式建筑的现代转换

3. "屋顶" 形制的现代建构

（1）兰溪亭——屋顶的曲线层叠

兰溪亭位于成都的国际非物质文化遗产公园，是参数化设计与中国传统建筑的一次完美结合。建筑师袁烽对我国传统庭居建筑进行了全新解读：屋顶形式的交错隐喻了连绵起伏的山水，表达了我国传统轻盈飘逸的屋顶文化；建筑和庭院在纵向轴线上的多维度分布暗含了传统院落空间模式的多重性和等级性；运用参数化算法转化了青砖的砌筑方式，给予了一种全新的建造模式，并通过运用简单模板实现了参数化的低级表达，探索了参数化与地域建造结合的可行性。

（2）石塘互联网会议中心——屋顶形式的多重组合

石塘互联网会议中心位于南京郊区石塘村，是一所集会议、餐饮于一体的多功能会议中心。建筑师张雷秉承着一种谦逊的态度探索着地域空间和技术材料的建构：一是对公社礼堂和传统民居的建筑屋顶原型进行消解重构，辅以产业化快速建设模式，将屋顶形式多重组合。二是预制超细柱结构技术的引入，赋予传统柱截面全新的力学概念，不仅呼应了地域材料的建构，暗含了农村原始的场所精神，还隐晦地致敬了现代主义建筑大师密斯·凡·德·罗（图4-38）[1]。

(a) 环境与原型：石塘村与公社文化礼堂

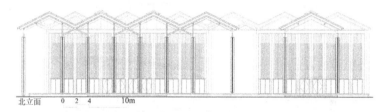

(b) 方法：地域建筑原型的整合与叠加

(c) 建成效果

图4-38　石塘互联网会议中心——屋顶形式的多重组合

（来源：作者组织，图片来自钟华颖等的《类型的乡土重构——江宁石塘村互联网会议中心设计回顾》）

（3）佐川美术馆——屋顶形式的简约重构

佐川美术馆位于日本滋贺县琵琶湖边，用于展示平山郁夫、佐藤忠良和乐吉左卫门三位日本艺术家的代表作品。竹中工作室一是以整体舒展沉重、边缘细薄如纸的大屋顶诠释了日本的帝冠式情调，配以细脚伶仃的柱子撑着，散发出浓浓的日本风味。二是以一张镜面式的水面，通透的室内外关系，营造了日本园林式的景观意境，构建了十分禅宗的场所精神（图4-39）。

---

① 钟华颖, 王铠, 席弘, 等. 类型的乡土重构：江宁石塘村互联网会议中心设计回顾[J]. 建筑学报, 2017(1): 81-83, 76-80.

(a) 环境与原型：日式传统屋顶与室内外关系　　　(b) 方法：屋顶放大异化与室内外空间融合

(c) 建成效果

图 4-39　佐川美术馆——屋顶形式的简约重构

（来源：作者组织，图片来自 www.ikuku.cn）

4."细节"形制的当代转译

（1）上海世博会中国馆——斗拱形式的夸张转译

上海世博会中国馆位于世博规划围栏区 A 片区世博轴东侧，是世博园区南北、东西轴线交会处的核心地段、地标建筑，有着极其重要的艺术与政治意义。何镜堂院士以"东方之冠，鼎盛中华，天下粮仓，富庶百姓"为构思主题：一是对斗拱的形象进行抽象化、符号化和夸张化，简化复杂的构建体系，最终通过一个层层悬挑、纵横穿插的现代立体空间造型表达出来。以斗拱为大屋顶，将极具中国特色的结构与造型结合为一体。二是巨大的基座隐喻了我国古代的高台建筑，突出中国馆主体建筑的地位；层次感、空间感分明的"中国红"象征了富足、文明、吉祥与进步。模拟印章则演绎了中国漫长的朝代更迭。传统建筑符号在当代建筑中得到完美的应用（图 4-40）[①]。

(a) 环境与原型：传统斗拱形式与中国印章　　　(b) 方法：斗拱形式的放大与模拟印章细节

(c) 建成效果

图 4-40　上海世博会中国馆——斗拱形式的夸张转译

（来源：作者自拍及来自何镜堂等的《启于世博行之中国——2010 年上海世博会对中国建筑创作的启示》）

① 何镜堂，何小欣. 启于世博行之中国: 2010 年上海世博会对中国建筑创作的启示[J]. 建筑学报, 2011(1): 102-104.

（2）梼原木桥博物馆——斗拱结构的大尺度建构

梼原木桥博物馆位于日本高知县，一条早已存在的道路将两个公共建筑分开，博物馆发挥了展览、住宿和连接体的多重功能。建筑师隈研吾将当代建筑元素与日本传统美学相结合，打造了一个全新的形式：无数相互交织堆叠的木梁架组成了一个极具雕塑感的三角形体量，呼应了周边山体和建筑的轮廓。其是借鉴了斗拱和刿桥的悬臂结构体系，以小尺寸的木构件组合成大跨度的悬挑，实现了传统与现代的对话。所有结构都由建筑底部的一根中心支柱支撑，不仅是传统结构悬挑能力的体现，还是日本传统建筑"中心柱"的另类演绎（图4-41）[1]。

(a) 环境与原型：日本建筑中的斗拱与刿桥

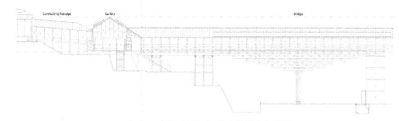

(b) 方法：斗拱（刿桥）形式的放大与异化

(c) 建成效果

图 4-41　梼原木桥博物馆——斗拱结构的大尺度建构

（来源：作者组织，图片来自《梼原木桥博物馆》）

（3）法赫德国王国家图书馆——帐篷材质的表皮建构

法赫德国王国家图书馆是在雅得市国家图书馆原址上改建而成，是沙特阿拉伯王国最重要的文化建筑之一。盖博建筑事务所在设计上充分考虑了新建筑与当地阿拉伯文化环境的协调：一是采用长方体建筑覆盖于原十字形图书馆之上，遵循建筑物的保存原则，用阿拉伯传统帐篷原型推动了原有建筑的进化。二是在表皮处理上，菱形薄膜单元材料建构和全新的钢索结构创新，既符合伊斯兰风格的建筑图案，也满足了现代化功能与可持续发展

① 佚名. 梼原木桥博物馆[J]. 世界建筑导报, 2015(3): 13-15.

的需求[①]。

4.4.3　历史文化适应模式

历史，有广义与狭义之分，狭义的历史，仅指人类社会的发展史，即由人类自己创造的，以生产方式为基础，按一定客观规律运动的，已成为过去的社会发展过程。每个地区都有自己独特的历史状况，包括对物质独特的生产方式、历史人物、思想、事件等，而因历史的独特性或者建筑功能自身需求，从历史中取材成为建筑案例的一种创作策略。本节选取了三个建筑案例，分析其对历史文化环境的适应。

1. 殷墟博物馆——历史文明符码的提取与表达

殷墟博物馆位于河南安阳，处于商代古都殷墟遗址。由于殷墟遗址范围太大，博物馆无法按常规方式设计，崔愷将建筑嵌入地下再造了地景建筑，同时充分考虑了建筑与历史文化的融合关系：一是以抽象写法的"洹"字在地面上形成符号，衍生出建筑的形态，呼应场地周围的重要环境因素——洹河。二是展览空间模拟商朝方鼎形式，各种甲骨文、青铜器符号被镶嵌于建筑细节之中，利用长长的回转坡道让参观者产生走入历史的感觉（图 4-42）[②]。

(a) 环境与原型：殷墟甲骨文与青铜饕餮纹　　　　(b) 方法："洹"字平面布局与建筑细节

(c) 建成效果

图 4-42　殷墟博物馆——历史文明符码的提取与表达
（来源：作者组织，图片来自张男、崔愷的《殷墟博物馆》）

2. 侵华日军南京大屠杀遇难同胞纪念馆扩建——历史事件的场所营造

侵华日军南京大屠杀遇难同胞纪念馆位于南京城市近郊，扩建工程是为了纪念抗日战争胜利 60 周年、侵华日军南京大屠杀死难者遇害 70 周年而实施的。何镜堂院士因地制宜，尊重原有建筑：一是借助狭长船形的基地形状，在形式上赋予新建筑弯刀的理念，用

---

① 姜敏华. 沙特阿拉伯法赫德国王国家图书馆[J]. 现代装饰, 2014(3): 72-77.

② 张男, 崔愷. 殷墟博物馆[J]. 建筑学报, 2007(1): 34-39.

三角形"断刀"表达了杀戮的主题。二是新馆扩建延续了老馆的情感表达，重组形成了"纪念广场—灾难之庭—祭庭—和平公园"这一完整的空间序列，将震撼人心的场景和静穆冥思的氛围有序地铺展开来，营造了强烈的纪念性场所感（图4-43）[1]。

(a) 环境与原型：侵华日军大屠杀罪行与纪念场所

和平公园　　祭庭　　灾难之庭　　纪念广场
尾声　　　　高潮　　　铺垫　　　　序曲

(b) 方法：纪念场所营造与序列式布局

(c) 建成效果

图 4-43　侵华日军南京大屠杀遇难同胞纪念馆扩建——历史事件的场所营造
（来源：作者自拍及何镜堂等的《突出遗址主题　营造纪念场所——
侵华日军南京大屠杀遇难同胞纪念馆扩建工程设计体会》）

3."烧不尽"博物馆——草原燃烧传统的建筑表现

"烧不尽"博物馆位于美国堪萨斯州的大草原上。建筑师的设计理念，源自对堪萨斯州的受控草原燃烧历史传统故事的启发，将建筑的外观设计为犹如草原燃烧般的火焰。建筑采用了变色玻璃与各种颜色的炫彩不锈钢砖，营造出一种蓬勃向上的运动感，为没有生命的建筑增添了斑斓的色彩与灵动的生气。

4.4.4　民俗文化适应模式

民俗文化是指民间风俗习惯的各种文化形式的总称[2]，包括信仰民俗、行为民俗、语言

———————————
[1] 何镜堂，倪阳，刘宇波. 突出遗址主题　营造纪念场所：侵华日军南京大屠杀遇难同胞纪念馆扩建工程设计体会[J]. 建筑学报, 2008(3): 10-17.

[2] 参自《中华文化精粹分类辞典·文化精粹分类》中关于"民俗文化"的释义。

民俗以及日常生活、衣食住行中所表现的多种文化内涵和文化价值，如地方戏剧、地方工艺品等。在地域建筑创作时，地域民俗文化也为建筑师带来了诸多创作灵感。本节选取了四个建筑案例，分析其对民俗文化的适应。

1. 富平国际陶艺博物馆群主馆——陶艺艺术的建筑模拟

富平国际陶艺博物馆位于陕西富平县，地处黄土高原之上，四周农田、果林和坟冢环绕，四季景色各异。建筑师刘克成放弃了对高技术、高投入的盲目追寻，回归到符合西北地区实际情况的传统技术和材料的研究：一是用当地的砌砖拱技术模拟了线性发展的陶器孔洞形式，营造了深邃大气的场所感，致敬了我国西北地区的传统陶艺技术。二是砖拱的韵律变化创造了丰富的外部形式，契合了周边沟壑纵横的土地肌理，以一种粗犷和浑厚的气息融入大地景观之中（图 4-44）[①]。

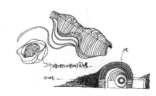

(a) 环境与原型：鼎州窑瓷器与陶器形式　　　　　(b) 方法：陶器形式的运用与砖拱的韵律化

(c) 建成效果

图 4-44　富平国际陶艺博物馆群主馆——陶艺艺术的建筑模拟
（来源：刘克成的《陕西富平国际陶艺博物馆》）

2. 三宝蓬艺术中心——陶土的建筑运用

三宝蓬艺术中心位于景德镇三宝村的一个重要节点，自古是加工瓷石的地方。大料建筑事务所以制瓷人的日常行为模式为出发点，创造了一系列全新的空间模式：一是以一条长达 150m 的线性建筑强势侵入传统场地环境之中，凸显主体，并在强烈的对比中寻求统一。二是多流线并置穿插创造了场所空间的偶然性，以其所激发的记忆和想象为媒介，使人与建筑有机互动。三是通过改良夯土配方，建构了一个连续雄健的夯土墙，统一了连续的各式空间，隔绝了建筑内外，以巨大尺度创造了令人神往的时间性和纪念性（图 4-45）[②]。

———————————

① 刘克成. 陕西富平国际陶艺博物馆[J]. 住区, 2014(6): 112-119.

② 刘阳. 看与被看：三宝蓬艺术中心[J]. 建筑技艺, 2018(1): 102-108.

3. 苏州文化体育中心——太湖石空间的建筑数字模拟

苏州高新区文体中心位于苏州科技城内,背靠小龙山,由太湖大道和浒光运河环绕。天华建筑事务所以地形脉络为设计源头,创造了一个融于环境的地景化建筑:一是用数字形态模拟太湖石,以功能小模块的搭接堆积建构了功能紧密相扣的空间结构,创造出丰富的空间体验。同时延续了原有的山体和石壁。二是放大太湖石空间,以商业街道和公共开放空间的组合形式将这场所归还于市民,延续了城市的生活。

(a) 环境与原型:景德镇瓷窑与黏土材料   (b) 方法:空间的偶然性与陶土材料的建构

(c) 建成效果

图 4-45   三宝蓬艺术中心——陶土的建筑运用

(来源:作者组织,图片来自刘阳《看与被看——三宝蓬艺术中心》)

4.4.5 小结:文化环境生态型案例及其适应方法解析

如果说自然环境与人造环境是建筑基地周边的物质文化环境,那么文化环境则是建筑所处地域的非物质文化环境,所以其对建筑文化表达的影响往往是潜在的,需要建筑师以敏锐的洞察力去发掘地域文化传统与内涵,并加以创作,从而得出适应地域文化环境的建筑作品。表 4-5 总结了本节文化环境生态型案例及其适应方法(表 4-5)。

文化环境生态型案例及其适应方法   表 4-5

类型	序号	建筑名称	基本信息	图片	适应因素及适应方法
精神文化适应模式	C01	西双版纳万达文华度假酒店	建筑师:OAD 欧安地 地点:中国西双版纳 面积:46149m² 时间:2015 年		适应因素:精神信仰 适应方法:传统宗教建筑形式的转化与运用
	C02	大厂民族宫	建筑师:何镜堂 地点:中国河北 面积:35000m² 时间:2015 年		适应因素:精神信仰 适应方法:传统宗教建筑形式的转化与运用

类型	序号	建筑名称	基本信息	图片	适应因素及适应方法
精神文化适应模式	C03	西藏尼洋河游客中心	建筑师：标准营造+朝阳工作室 地点：中国西藏林芝 面积：430m² 时间：2009 年		适应因素：精神信仰 适应方法：传统宗教色彩的转化与运用
	C04	狭山森林小教堂	建筑师：Hiroshi Nakamura 地点：日本狭山市 面积：114m² 时间：2013 年		适应因素：精神信仰 适应方法：传统宗教建筑形式的转化与运用
形制文化适应模式	C05	范曾艺术馆	建筑师：同济大学建筑设计研究院 地点：中国江苏南通 面积：7028m² 时间：2014 年		适应因素：建筑形制 适应方法：传统建筑空间的转化与运用
	C06	森庐	建筑师：李晓东 地点：中国云南丽江 面积：1200m² 时间：2009 年		适应因素：建筑形制 适应方法：传统建筑空间的转化与运用
	C07	土楼公舍	建筑师：都市实践 地点：中国广东佛山 面积：13711m² 时间：2008 年		适应因素：建筑形制 适应方法：传统建筑空间形制的转化与运用
	C08	曲阜孔子研究院	建筑师：吴良镛 地点：中国山东曲阜 面积：26000m² 时间：1999 年		适应因素：建筑形制 适应方法：传统建筑形制与空间观念的转化与运用
	C09	兰溪亭	建筑师：创盟国际 地点：中国四川成都 面积：4000m² 时间：2011 年		适应因素：建筑形制 适应方法：传统建筑材质的非线性转化
	C10	上海世博会中国馆	建筑师：何镜堂 地点：中国上海 面积：72480m² 时间：2010 年		适应因素：建筑形制 适应方法：传统建筑形式特征的转化与运用

类型	序号	建筑名称	基本信息	图片	适应因素及适应方法
形制文化适应模式	C11	黄帝陵祭祀大殿	建筑师：张锦秋 地点：中国陕西延安 面积：13350m² 时间：2004 年		适应因素：建筑形制 适应方法：传统建筑形式与文化观念的转化与运用
	C12	石塘互联网会议中心	建筑师：张雷 地点：中国江苏南京 面积：3000m² 时间：2016 年		适应因素：建筑形制 适应方法：传统建筑形式的转化与运用
	C13	车田村文化中心	建筑师：西线工作室 地点：中国贵州贵阳 面积：715m² 时间：2015 年		适应因素：建筑形制 适应方法：传统建筑材质的运用
	C14	梼原木桥博物馆	建筑师：隈研吾 地点：日本高知县 面积：14736m² 时间：2011 年		适应因素：建筑形制 适应方法：传统建筑形式的转化与运用
	C15	佐川美术馆	建筑师：竹中工作室 地点：日本滋贺县 面积：不详 时间：2015 年		适应因素：建筑形制 适应方法：传统建筑形式的转化与运用
	C16	法赫德国王国家图书馆	建筑师：盖博 地点：沙特阿拉伯利雅得 面积：86632m² 时间：2013 年		适应因素：建筑形制 适应方法：传统建筑材质的转化与运用
	C17	圣温塞斯拉斯教堂	建筑师：Štěpán 工作室 地点：捷克摩拉维亚兹林州 面积：不详 时间：2017 年		适应因素：建筑形制 适应方法：传统建筑形式的转化与运用
	C18	唐山有机农场	建筑师：建筑营设计工作室 地点：中国河北唐山 面积：1720m² 时间：2016 年		适应因素：建筑形制 适应方法：传统建筑形式与空间的转化与运用
	C25	浙江美术馆	建筑师：程泰宁 地点：中国浙江杭州 面积：31550m² 时间：2006 年		适应因素：建筑形制 适应方法：传统建筑形式与空间的转化与运用

类型	序号	建筑名称	基本信息	图片	适应因素及适应方法
形制文化适应模式	C26	孔子博物馆	建筑师：吴良镛 地点：中国山东曲阜 面积：55000m² 时间：2018 年		适应因素：建筑形制 适应方法：传统建筑形式与空间的转化与运用
历史文化适应模式	C19	殷墟博物馆	建筑师：崔愷 地点：中国河南安阳 面积：3525m² 时间：2005 年		适应因素：历史文化 适应方法：历史文化艺术形式的转化与运用
	C20	侵华日军南京大屠杀遇难同胞纪念馆扩建	建筑师：何镜堂 地点：中国江苏南京 面积：20000m² 时间：2007 年		适应因素：历史事件 适应方法：历史事件的抽象转化与场所营造
	C21	侵华日军第七三一部队罪证陈列馆	建筑师：何镜堂 地点：中国黑龙江哈尔滨 面积：9997m² 时间：2015 年		适应因素：历史事件 适应方法：历史事件的抽象转化与场所营造
民俗文化适应模式	C22	富平国际陶艺博物馆群主馆	建筑师：刘克成 地点：中国陕西富平 面积：2400m² 时间：2004 年		适应因素：民俗文化 适应方法：传统民俗文化艺术形式的转化与运用
	C23	三宝蓬艺术中心	建筑师：大料建筑事务所 地点：中国江西景德镇 面积：2800m² 时间：2017 年		适应因素：民俗文化 适应方法：传统陶器材质的转化与运用
	C24	苏州文化体育中心	建筑师：天华建筑事务所 地点：中国江苏苏州 面积：170000m² 时间：2017 年		适应因素：民俗文化 适应方法：传统审美观念与形式的转化与运用

在上述案例总结表的基础上，进一步归类、总结文化环境生态型案例的设计手法，可以提炼出四种：传统建筑形制转化应用、文化空间场所营造、文化元素转化应用以及文化观念转化运用。每一个案例在不同文化环境中，面临不同的地域文化特色，建筑师通过具体分析与创作，提取出不同文化原型，并在不同设计手法的操作下，表达出地域文化特征（表4-6）。

自然环境生态型案例的设计手法统计分析 表4-6

案例		设计手法			
序号	建筑	传统建筑形制转化应用	文化空间场所营造	文化元素转化应用	文化观念转化运用
C01	西双版纳万达文华度假酒店	●			
C02	大厂民族宫	●	●		
C03	西藏尼洋河游客中心			●	
C04	狭山森林小教堂	●	●		
C05	范曾艺术馆		●		
C06	淼庐		●		
C07	土楼公舍	●			
C08	曲阜孔子研究院	●		●	
C09	兰溪亭	●	●		
C10	上海世博会中国馆	●			
C11	黄帝陵祭祀大殿		●		●
C12	石塘互联网会议中心	●			
C13	车田村文化中心	●			
C14	梼原木桥博物馆	●			
C15	佐川美术馆	●	●		
C16	法赫德国王国家图书馆	●			
C17	圣温塞斯拉斯教堂	●	●		
C18	唐山有机农场		●		
C19	殷墟博物馆		●	●	
C20	侵华日军南京大屠杀遇难同胞纪念馆扩建		●		
C21	侵华日军第七三一部队罪证陈列馆		●		
C22	富平国际陶艺博物馆群主馆			●	
C23	三宝蓬艺术中心		●		●
C24	苏州文化体育中心				●
C25	浙江美术馆				●
C26	孔子博物馆	●			

4.5 文化生态型建筑案例的生态适应模式归纳

本章选取了70个文化生态型建筑案例，分析了这些当代建筑作品分别在自然环境、人造环境、文化环境三种主导环境中，九个类别的建筑文化生态适应模式，并在每个小类中具体分析典型建筑案例的文化生态适应手法（图 4-46）。

　　本章的建筑案例为第 6 章的深入研究提供了案例与论据基础，将结合第 3 章中的建筑文化的生态性表达路径，推演建筑文化生态性设计方法。

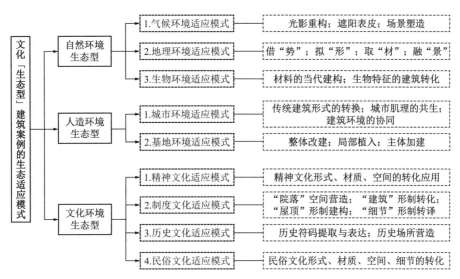

图 4-46　文化生态型建筑案例的生态适应模式

第 **5** 章

建筑文化的生态性传承策略

　　建筑文化的传承，是建筑文化表达的最终目的与更深层意义，是建立在使用者、地域居民视角上的一种客观需求。从地域建筑师角度来说，是一种责任与使命，是具有时间延续意义的一种文化可持续的动态过程。

　　本章的研究内容，是在前文研究的基础上，提出建筑文化的生态性传承策略。

5.1　建筑及城市文化的生态系统观

　　在生态学领域中，生态系统（Ecosystem，简称 ECO）指在自然界的一定空间内，生物与环境构成一个统一整体，在这个统一整体中，生物与环境之间相互影响、相互制约，并在一定时期内处于相对稳定的动态平衡状态。生态系统在环境的历史更迭变化中，自身具有适应与演化特性，总体的演化规律为：

　　（1）生态系统的复杂程度逐步提高；

　　（2）生态系统的物质能量利用效率逐步提高；

　　（3）生态系统所占空间逐步扩展；

　　（4）生态系统的内部空间逐步被占用，并趋于饱和[①]。

　　通过类比分析，建筑及城市文化可以视为一个生态系统，新建筑和历史建筑即为生存在此系统中的"生物个体"，而地域的自然环境、人造环境、文化环境即为"生物个体"的生存环境，二者之间相互影响与制约。

　　同理，与自然生态系统相似，建筑及城市文化生态系统在历史更迭中，建筑甚至城市随着环境的变化，也具有适应与演化特性。城市文化的生态演化，如从原始社会时期的部落向心性布局，到封建社会时期皇城中轴多进布局，再到当代经济社会的高楼林立，城市功能愈加复杂与高效（图 5-1）；建筑文化的生态演化，如从原始社会的庇护之所，到封建社会的私家园林，再到当代社会的现代博物馆，建筑社会功能愈加精细化且形式愈加简明适用（图 5-2）。

　　总体来说，建筑及城市的文化生态系统演化规律为：

　　（1）建筑群所构成的城市所占空间逐步扩展，内部空间逐步更新迭代并趋于完善；

　　（2）建筑功能及类型的精细化及多样化；

　　（3）建筑及城市所表现出的文化更富有现代性，具有时代演化特征。

---

① 王崇云. 进化生态学[M]. 北京: 高等教育出版社, 2008.

基于以上建筑文化的生态系统观念，本书将建筑文化的生态性传承策略归结为三点，即：建筑文化的生态适应性表达、建筑文化的多元同构、建筑文化原型的生态进化与转化表达。

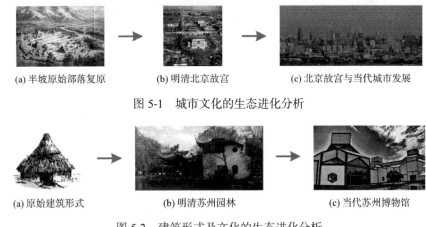

(a) 半坡原始部落复原　　　(b) 明清北京故宫　　　(c) 北京故宫与当代城市发展

图 5-1　城市文化的生态进化分析

(a) 原始建筑形式　　　(b) 明清苏州园林　　　(c) 当代苏州博物馆

图 5-2　建筑形式及文化的生态进化分析

5.2　建筑文化的生态适应性表达策略

城市发展是建筑文化演化的内在驱动因素。一座城市的发展一般可分为城域扩张与内部更新两种方式，城域扩张带来的是城市内外区域的新建筑建设，内部更新则是对于城市既有建筑的拆除、新建与改造。

然而，每一处建筑均具有独一无二的自然环境、人造环境、文化环境与内在环境。所以，生态的建筑文化传承策略之一是对建筑环境的生态适应，根据建筑环境的不同，有针对性或灵活性地表达建筑文化内容，从而使建筑的文化传承不拘泥于固定模式，更具生命灵性（图 5-3）。

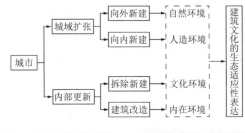

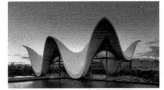

(a) 向外新建——Bosjes 教堂　　　(b) 向外新建——西双版纳万达文华
　　对自然环境的适应　　　　　　　度假酒店对文化环境的适应

图 5-3　建筑文化的生态适应性表达策略（一）

(c) 向内新建——泰州科学发展观　　(d) 内部更新——成都远洋太古里对
　　展示中心对人造环境的适应　　　　　人造环境的适应

图 5-3　建筑文化的生态适应性表达策略（二）

5.3　建筑文化的多元同构策略

如同自然生态系统中"生态多样"演化规律一样，建筑与城市文化生态系统的健康持续发展，也会走向"生态多样"。

在城市发展进程中，建筑的功能及类型愈加精细化及多样化，与此同时，各地域的人类文明，也在随着时间的积淀而变得厚重与多元。

因此，建筑文化的生态性传承，需要建筑文化的生态多样化发展，即建筑文化的多元同构（图 5-4）。

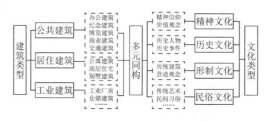

(a) 杭州中山路改造——现代建筑　　(b) 北京四合院改造——现代艺术
　　与历史建筑同构　　　　　　　　　与传统文化同构

(c) 黑白院落——城市肌理的传统　　(d) 阿麦尔儿童文化馆——传统
　　与现代共生　　　　　　　　　　肌理的现代织补

图 5-4　建筑文化的多元同构策略

5.4 建筑文化的生态进化与转化创新策略

　　建筑及城市文化在人类认知、技术、艺术的历史发展中，经历了多次的进步与变革，如同生物为了适应生态环境的变化而出现的进化现象。

　　在全球化、信息化的时代背景下，可持续的地域文化传承与表达，需要城市建筑在汲取地域文化精华的同时，能够将其转化为适应时代特征的形式和内容。

　　所以，建筑文化的生态与可持续传承，需要将其进行生态进化与转化表达，这也是本章的核心研究内容（图 5-5）。

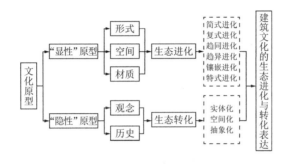

(a) 腓特烈斯贝幼儿园——传统民居　　(b) 唐山有机农场——院落空间
　　　形式的简化表达　　　　　　　　　　复式组合表达

(c) 西藏尼洋河游客中心——藏族文化　　(d) 浙江美术馆——意境文化
　　　色彩的趋同表达　　　　　　　　　　的实体化创作

图 5-5　建筑文化的生态进化与转化创新策略

第 **6** 章

建筑文化的生态性表达方法推演

基于第 3 章建构的建筑文化生态性表达路径（图 6-1），本章重点归纳与推演建筑文化的生态性表达方法，主要分为四个步骤：第一，建筑项目的生态位分析；第二，影响建筑项目文化表达的限制因子分析；第三，文化生态原型的提取；第四，文化原型的生态进化与转化。

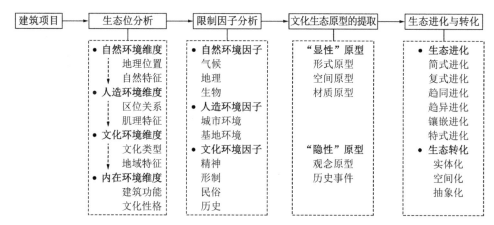

图 6-1　建筑文化生态性表达路径

6.1　建筑文化的生态位分析

建筑文化的生态位分析，即建筑项目前期的基地环境及自身定位分析，是把控设计方向的重要步骤。本节从文化生态位的递进式分析方法入手，结合部分典型案例，探讨如何分析建筑文化的生态位。

6.1.1　文化生态位的多维分析

建筑文化生态位的多维分析，即依次从自然环境、人造环境、文化环境、内在环境四重维度，分析与定位建筑所处基地及建筑内在的环境特征。其中，建筑所在基地的位置决定了自然、人造、文化三个外部环境维度特征，建筑的功能定位则决定了建筑内在环境维度特征（图 6-2）。

1. 自然环境维度分析

自然环境维度主要是指建筑基地的地理位置及自然环境特征。地理位置是指建筑基地的精确地理位置信息，具体到经纬度等自然位置；而自然环境特征是指地理、气候、生物等具体信息。

2. 人造环境维度分析

图 6-2　文化生态位的多维分析

人造环境维度，一是指建筑基地所处的国家、城市等具有可寻"身份"的位置地点，以及在城市或者乡村中更为具体的位置；二是指基地中人造环境的肌理特征，如城市的布局特征，周边建筑的形式特征与布局情况。

3. 文化环境维度分析

文化环境维度，是在自然环境维度、人造环境维度分析后，定位建筑所处地域的文化类型与特征，如地区精神信仰、文化起源、主要民族文化等。

4. 内在环境维度分析

内在环境维度，一是指建筑的具体功能与意义，如住宅、展览、办公、历史博物馆、文化中心等功能；二是指建筑的文化性格，如现代化办公楼、民族文化中心、历史纪念馆等。

6.1.2　典型案例的文化生态位分析

鉴于建筑文化的生态位的多维性，本节节选三个侧重于不同维度的典型建筑案例进行文化生态位分析。

1. 侧重于自然环境维度——圣伯纳德礼拜堂（编号：N01）

自然环境维度生态位：位于南美洲一处平原，距离城市密集区较远，基地周边有小型树林，气候温暖干燥，一年日照充足（表 6-1）。

人造环境维度生态位：位于阿根廷科尔多瓦市一处农场废墟的基地上，远离城市与乡村，原址是百余年历史的农舍，现已废弃；建筑基地内市政设施缺乏，没有水电供应。

文化环境维度生态位：科尔多瓦市主要文化类型为 16 世纪以来的西方殖民文化，官方语言为西班牙语，主要居民为西班牙裔，主要信奉基督教，工业经济发达。

内在环境维度生态位：建筑功能为小型教堂，为周边村庄的居民提供礼拜活动空间。

2. 侧重于人造环境维度——泰州科学发展观展示中心（编号：H01）

自然环境维度生态位：基地处于中国长江三角洲北岸，为江淮两大水系冲积平原；属北亚热带湿润气候区，受季风环流的影响，具有明显的季风性特征，四季分明（表6-1）。

人造环境维度生态位：项目位于中国江苏省中部，泰州市新城区与五巷历史街区的交界处。五巷历史街区具有六百余年历史，是泰州传统民居遗产的集聚地。

文化环境维度生态位：泰州市是中国历史文化名城，始建于西周时期，有2100余年的历史，文昌北宋，兼容吴楚越之韵，汇聚江淮海之风，有"儒风之盛，素冠淮南"之美誉。

内在环境维度生态位：泰州科学发展观展示中心，是泰州市近年来发展与建设的现代展示中心，设计定位是"和谐与发展"，呈现既蕴含传统气质又展示现代思维的"泰州新建筑"品相。

3. 侧重于文化环境维度——西双版纳万达文华度假酒店（编号：C01）

自然环境维度生态位：建筑基地所在的景洪市在横断山系纵谷区南端，地处澜沧江大断裂带两侧，具山原地形，北高南低，两侧高，中部低，重峦叠嶂，沟壑纵横；属北热带和南亚热带湿润季风气候，长夏无冬，干湿季分明，兼有大陆性气候和海洋性气候的优点而无其缺点，详见表6-1。

人造环境维度生态位：基地位于中国云南西双版纳傣族自治州景洪市西北部，距离景洪市城区3km；周边无历史建筑遗存。

文化环境维度生态位：景洪市是西双版纳傣族自治州的首府，少数民族占人口总数的70%，主要为傣族。景洪市地域文化气息浓厚，一是有着独特的贝叶文化[①]；二是具有悠久历史的南传佛教文化；三是诸如泼水节在内的许多民族节日被收录为国家非物质文化遗产。

内在环境维度生态位：该建筑项目为文化旅游度假区酒店，自身有两方面特征：一是度假区酒店的基本功能，注重当代度假与商务酒店的时代性特征；二是文化旅游度假区的文化标志性特征，表现地域独特的文化风貌。

典型案例文化生态位分析　　　　　　　　　　　　　　　　表 6-1

案例		文化生态位			
编号	名称	自然环境维度	人造环境维度	文化环境维度	内在环境维度
N01	圣伯纳德礼拜堂	自然平原	废弃农场	科尔多瓦市教堂	当代乡村小教堂

① 贝叶文化：是傣族传统文化的一种象征性提法。之所以称为"贝叶文化"，是因为它保存于用贝叶制作而成的贝叶经本里面而得名。贝叶文化包括贝叶经、用棉纸书定的经书和存活于民间的傣族传统文化三个方面。参自百度百科关于"贝叶文化"的释义。

案例		文化生态位			
编号	名称	自然环境维度	人造环境维度	文化环境维度	内在环境维度
H01	泰州科学发展观展示中心	泰州水网交织的平原	泰州市新城区与历史街区交界处	泰州悠久文化	城市展示建筑
C01	西双版纳万达文华度假酒店	横断山系纵谷区南端	景洪市西北部	贝叶文化	度假区酒店

6.2　建筑文化的限制因子分析

限制因子分析是在建筑文化生态位分析的基础上，具体分析各个维度生态位的作用强弱关系，以确定对建筑文化影响最大的环境因子。

6.2.1　生态位决定限制因子

1. 外在环境生态位的影响力坐标分析

远近原则是分析外在环境生态位影响力的核心方法，根据此原则能够确定限制因子的类型，主要有以下三种类型。

（1）当建筑基地远离城市、乡村等人造环境时，建筑应首要考虑的是如何适应自然环境，此时，气候、地理、生物等生态因子是影响建筑文化的最强因素，这些因子即为自然环境限制因子；

（2）当建筑基地处于联系紧密的城市或乡村等人造环境中时，建筑应首要考虑的是如何适应人造环境，此时，城市文脉、肌理、基地内的建筑遗存成为影响建筑文化的最强生态因子，这些因子即为人造环境限制因子；

（3）当建筑基地处于无明显特征的自然环境与人造环境之中，或者文化环境独特，又或者建筑功能具有较强的文化指向性时，建筑应首要考虑的是如何适应文化环境，此时，地域的精神文化、形制文化、民俗文化等生态因子成为影响建筑文化的最强因子，这些因子即为文化环境限制因子（图6-3）。

在对影响因素具体分析之后，通过三维坐标将建筑项目三个外在环境维度的生态位关系进行定位，进而形象地展现出三者影响力的强弱关系（图6-4）。

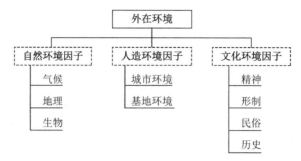

图 6-3　限制因子类型

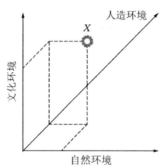

注：坐标点的某维度数值越大，该维度的影响力越强

图 6-4　生态位影响力坐标

2. 内在环境生态位的契合限制

内在环境生态位是建筑项目的功能定位，其功能特征具有一定的内在需求与指向性，因此为了契合内在需求，某些生态因子便成为建筑项目的限制因子，与建筑基地的外在环境生态位定位关联性较小。如对教堂的设计，内在环境生态位为教堂宗教式建筑，那么具体的教堂形制便为限制因子；再如对名人纪念馆的设计，显然，名人的事迹及其相关时代便成为限制因子。

3. 限制因子的生态适应方式

经过建筑文化生态位的多维分析与影响力判断，通常能够分析出多个限制因子，然而，在建筑设计中并不是所有限制因子都要有具体的生态适应性设计对策。建筑师依据自己的设计思路，对限制因子的生态适应方式主要有两种：单一适应、综合适应，详见表 6-2。

（1）单一适应

顾名思义，单一适应是指建筑师为适应对建筑项目最为重要的限制因子的设计方式。如赤水竹海国家森林公园入口（编号：N13），建筑师重点以建筑项目的自然环境限制因子——竹林环境为设计突破口，使得建筑适应竹海的自然环境特征；再如案例食品别墅广场（编号：H05），建筑师致力于适应周边建筑环境，将周边传统民居的屋顶形式运用到设计中。

（2）综合适应

区别上述单一适应方式，综合适应是对多个限制因子的生态适应方式，但是，在对建筑案例进行分析时可以发现，综合适应式案例在所适应的多种限制因子中，往往具有一个主导因子。如案例桂林万达文旅展示中心（编号：N05），建筑师以桂林山水的自然环境为建筑设计的主要依据，在展廊的设计中以自然环境中竹林这一主导因子为设计出发点；再如案例中国美术学院民俗博物馆（编号：H02），建筑师为适应人造梯田环境，将建筑体量进行层叠设计，为适应当地民居传统，运用灰瓦材料设计建筑的围护结构。

限制因子的生态适应方式　　　　　　　　　　表 6-2

适应方式	案例（详见附录）			
单一适应	赤水竹海国家森林公园入口——适应竹林环境		食品别墅广场——适应周边建筑环境	
综合适应	桂林万达文旅展示中心——适应桂林山水环境 + 竹林的形态			
	中国美术学院民俗博物馆——适应人造梯田环境 + 当地民居传统			

6.2.2　典型案例的限制因子分析

承上建筑文化生态位分析的典型案例，本小节着重分析三个案例的建筑文化限制因子，并结合生态位影响力坐标进行图示化表达。

1. 自然环境限制因子——圣伯纳德礼拜堂（编号：N01）

外在环境限制因子分析：在上文的建筑文化生态位分析基础上，依据远近原则进一步分析，其建筑基地远在郊区，远离城市与乡村，因此其外在环境限制因子主要为自然环境限制因子。

内在环境限制因子分析：因建筑功能为礼拜堂，所以内在环境限制因子为教堂建筑的文化特征。

运用生态位影响力坐标分析法，得出该案例的坐标定位，如图 6-5 所示。

2. 人造环境限制因子——泰州科学发展观展示中心（编号：H01）

外在环境限制因子分析：据其生态位分析可知，该案例地处泰州市新城区与五巷历史街区的交界处，人造环境特征影响力强，所以，其外在环境限制因子主要为人造环境限制因子。

内在环境限制因子分析：因功能为泰州市关于科学发展的展示类建筑，其内在需求具有"时代"与"发展"的主题意义，所以其内在环境限制因子为时代文化特征。

运用生态位影响力坐标分析法，得出该案例的坐标定位，如图6-6所示。

3. 文化环境限制因子——西双版纳万达文华度假酒店（编号：C01）

外在环境限制因子分析：据其生态位分析可知，该案例地处西双版纳傣族自治州景洪市西北部，距离景洪市城区3km，位于城区边缘，城市具有独特的地域佛教信仰与少数民族文化，所以其外在环境限制因子主要为文化环境限制因子。

内在环境限制因子分析：因建筑功能为旅游区度假酒店，当地的旅游特色以文化旅游为主，所以其内在环境限制因子也指向文化环境。

运用生态位影响力坐标分析法，得出该案例的坐标定位，如图6-7所示。

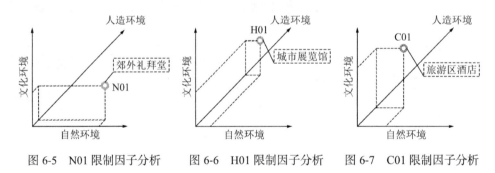

图6-5　N01限制因子分析　　　图6-6　H01限制因子分析　　　图6-7　C01限制因子分析

6.3　文化生态原型提取

文化生态原型是根据建筑文化限制因子的分析结果，提取的具有代表性与针对性的原生态地域文化原型，是建筑项目的文化生态性表达与设计的素材，一方面可以使建筑方案与文化生态环境之间建立关联适应的关系，另一方面又可以可持续地传承地域文化。

6.3.1　提取原则

文化生态原型是建筑文化生态与合理表达的重要素材，在提取时应充分考虑建筑方案设计的合理需求，所以应该遵循两个原则，即代表性原则与适用性原则。

1.代表性原则

代表性原则是指在建筑文化限制因子的领域限定下，应尽量提取众多文化原型中的典型性元素，使之具有高辨识度及文化代表性。如案例圣伯纳德礼拜堂（编号：N01），提取的是教堂文化中的"十字架"原型；案例泰州科学发展观展示中心（编号：H01），提取的是周边传统民居的屋顶形式及"抹角"等建筑细节；案例西双版纳万达文华度假酒店（编号：C01），提取的是景洪市代表性寺庙的层叠屋顶形式。

2.适用性原则

适用性原则是指在文化原型提取时，应尽量选择具有可设计性及易表达性的文化原型，使之在建筑方案中的运用与表达恰当合理。如案例圣伯纳德礼拜堂（编号：N01），在自然环境限制因子中提取的是太阳光影的文化生态原型，与十字架的形成典故相结合，共同组成建筑方案的设计精髓；案例泰州科学发展观展示中心（编号：H01），提取的是屋顶形式及建筑细节等文化原型，恰好符合展览建筑的展厅单元组合及入口细节处理；案例西双版纳万达文华度假酒店（编号：C01），为适应傣族独特的水文化而设计的水景，与独特的建筑屋顶细节相结合，异域文化特征得到良好的融合与诠释。

6.3.2　"显性"原型

本小节将文化生态原型分为两种类型："显性"文化生态原型与"隐性"文化生态原型（简称为"显性"原型与"隐性"原型），如图 6-8 所示。

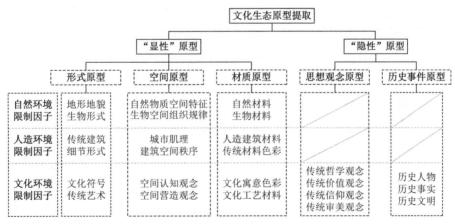

图 6-8　文化生态原型的提取

（图片来源：作者自绘）

"显性"原型是指在自然环境、人造环境、文化环境中，具有有形物质形式、图像形式的文化原型，或者由物质在一定规则构成中形成的空间模式文化原型，主要有三种类型：形式原型、空间原型、材质原型。

1. 形式原型

形式原型是物质的外在形态与形式，在不同文化及地域环境中具有独特性。形式原型在自然环境、人造环境、文化环境中会表现出不同的特征。

自然环境中的形式原型具有原始生态性特征，如地形地貌、生物形式等。案例桂林万达文旅展示中心（编号：N05），以桂林山水形式为设计原型；案例 Bosjes 教堂（编号：N10），以南非基地周边的山体形式为设计原型；案例竹之翼（编号：N14），建筑师以鸟翼为建筑的结构形式原型。

人造环境中的形式原型会体现人为意识主导下的不同人文风情，如传统建筑形式、细节等。案例泰州科学发展观展示中心（编号：H01），提取了传统建筑中的抹角细节原型；案例苏州博物馆（编号：H03），提取了园林建筑中的传统六边几何形式原型；案例腓特烈斯贝幼儿园（编号：H06），提取了丹麦传统民居形式原型。

文化环境中的形式原型是人类思想创造的结晶，蕴含着不同文化的思想底蕴及审美情趣，如建筑文化形式细节、文化符号等。案例大厂民族宫（编号：C02），提取了宗教拱券形式和传统纹样形式原型；案例狭山森林小教堂（编号：C04），提取了日本的"合掌结"形式原型；案例殷墟博物馆（编号：C19），提取了甲骨文中"洹"字形式原型，详见表6-3。

形式原型提取举例   表 6-3

环境类型	案例（详见附录）		
自然环境	 桂林万达文旅展示中心——桂林山水原型（编号：N05）	 Bosjes 教堂——山体形式原型（编号：N10）	 竹之翼——鸟翼形式原型（编号：N14）
人造环境	 泰州科学发展观展示中心——抹角细节原型（编号：H01）	 苏州博物馆——传统六边几何形式原型（编号：H03）	 腓特烈斯贝幼儿园——传统民居形式原型（编号：H06）
文化环境	 大厂民族宫——拱券形式和传统纹样形式原型（编号：C02）	 狭山森林小教堂——"合掌结"形式原型（编号：C04）	 殷墟博物馆——甲骨文中"洹"字形式原型（编号：C19）

2. 空间原型

空间原型是由物质在一定规则构成中形成的空间模式，同样，在自然环境、人造环境、文化环境三种环境中会表现出不同的空间特征。

自然环境中的空间原型灵动而自然，当赋予独特的地域审美意识与情趣时，则富有文化韵味。案例赤水竹海国家森林公园入口（编号：N13），提取了竹林空间原型；案例苏州文化体育中心（编号：C24），提取了中国传统园林文化情趣中的太湖石空间原型。

人造环境中的空间原型是指在人类有意识改造自然的过程中，在城市、建筑等物质环境中形成空间组织规律与原型，如城市肌理特征、建筑空间组合关系等。案例黑白院落（编号：H07），提取了街区纹理空间原型；美国国家非洲裔历史与文化博物馆（编号：H14），提取了区域建筑轴线空间原型；成都远洋太古里改造（编号：H16），提取了传统的街巷空间原型。

文化环境中的空间原型，是某地区人类传统文化意识中的空间想象概念及原型。案例曲阜孔子研究院（编号：C08），提取了中国传统文化中的"九宫格"空间原型；案例水之教堂（编号：N09），提取了日本传统文化中的禅意空间原型；案例唐山有机农场（编号：C18），提取了中国传统民居营造观念中的四合院空间原型，详见表6-4。

空间原型提取举例　　　　　　　　　表 6-4

环境类型	案例（详见附录）		
自然环境	赤水竹海国家森林公园入口——竹林空间原型（编号：N13）	苏州文化体育中心——太湖石空间原型（编号：C24）	
人造环境	黑白院落——街区纹理空间原型（编号：H07）	美国国家非洲裔历史与文化博物馆——轴线空间原型（编号：H14）	成都远洋太古里改造——街巷空间原型（编号：H16）
文化环境	曲阜孔子研究院——"九宫格"空间原型（编号：C08）	水之教堂——禅意空间原型（编号：N09）	唐山有机农场——四合院空间原型（编号：C18）

3.材质原型

材质原型是指不同地域文化中，建筑师对建筑材料的独特选择与运用，具有别致的文化特征，如色彩、材质种类等。

自然环境中的材质原型是指直接应用于建筑中的自然材料，如竹子、木材、石材等。案例吉巴欧文化中心（编号：N12），提取了当地土著居民运用的植物材质原型；佛光岩游客接待中心（编号：N07），提取了丹霞地区特有的红色石材材质原型；塞内加尔文化中心（编号：N11），提取了当地建筑屋顶的茅草材质原型。

人造环境中的材质原型是人类改造过的自然物质，如砖、瓦及其色彩特征等。案例苏州博物馆（编号：H03），提取了传统民居中的粉墙黛瓦的色彩材质原型；绩溪博物馆（编号：H04），提取了地方的灰瓦材质原型；水晶屋（编号：H08），提取了当地城市建筑中的红砖材质原型。

文化环境中的材质原型，是在非常规建筑领域存在的带有文化意义的材质，如文化色彩、民俗产品材料等。案例西藏尼洋河游客中心（编号：C03），提取了藏族经幡色彩材质原型；法赫德国王国家图书馆（编号：C16），提取了沙特传统帐篷材质原型；三宝蓬艺术中心（编号：C23），提取了景德镇传统陶土材质原型，详见表6-5。

材质原型提取举例   表6-5

环境类型	案例（详见附录）		
自然环境	 吉巴欧文化中心——地域植物材质原型（编号：N12）	 佛光岩游客接待中心——丹霞红色石材材质原型（编号：N07）	 塞内加尔文化中心——茅草材质原型（编号：N11）
人造环境	 苏州博物馆——粉墙黛瓦色彩材质原型（编号：H03）	 绩溪博物馆——灰瓦材质原型（编号：H04）	 水晶屋——红砖材质原型（编号：H08）
文化环境	 西藏尼洋河游客中心——经幡色彩材质原型（编号：C03）	 法赫德国王国家图书馆——传统帐篷材质原型（编号：C16）	 三宝蓬艺术中心——传统陶土材质原型（编号：C23）

6.3.3 "隐性"原型

"隐性"原型与"显性"原型不同，"隐性"原型一般不具有具体的自然或人造物质形式及空间特征，是在人类文化及历史发展过程中，形成的思想观念及历史痕迹，可以分为思想观念原型和历史事件原型。

1. 思想观念原型

思想观念原型是指在不同地域的文化环境中，由人类长时间的思想意识积累而形成的传统哲学观念、价值观念、信仰观念、审美观念等原型。

在大同市博物馆案例中，因山西地处古中国的发祥地之一，建筑师提取到象征着中华五千年文明的"龙图腾"；在浙江美术馆案例中，因基地处于杭州西子湖畔，山水景色优美，颇有一副中国古典山水画的情趣，恰逢项目功能为美术馆，程泰宁先生睿智地提取了中国传统审美观念中的"意境"原型，将建筑设计为与基地自然环境融为一体的中国山水画；在黄帝陵祭祀大殿案例中，张锦秋先生提取了中国传统世界观中的"天圆地方"观念原型，并巧妙地将其运用到建筑空间的设计中；在铜陵山居的案例中，建筑师庄子玉提取到道家的"一生二"哲学观念，并在设计中将其表达出来，详见表 6-6。

2. 历史事件原型

历史事件原型是指人类社会发展进程中的历史人物、史实、文明痕迹等原型。

在案例"烧不尽"博物馆中，建筑师提取了美国堪萨斯州的传统草原可控"燃烧"传统，并将火焰表现在建筑中；阿联酋历史"卷轴"博物馆，是为了纪念 1971 年阿拉伯联合酋长国（简称"阿联酋"）的独立，建筑师提取到当时历史文件的卷轴原型；日本宫原遗址博物馆，是为展示当地发现的古日本绳纹时代古人类的生存遗迹，建筑师提取了古人类生存洞穴历史原型。

"隐性"原型提取举例　　　　　　　　　　　　　　　　表 6-6

类型	案例		
思想观念原型	大同市博物馆——中国"龙图腾"原型	浙江美术馆——中国传统"意境"原型	黄帝陵祭祀大殿——"天圆地方"观念原型
历史事件原型	"烧不尽"博物馆——草原火灾历史原型	阿联酋历史"卷轴"博物馆——1971年签署阿联酋成立的历史文件原型	日本宫原遗址博物馆——日本绳纹时代古人类生存洞穴历史原型

6.4 "显性"原型的生态进化式表达

如果说"显性"原型是为建筑师提供的文化"原料",那么生态进化与转化即是建筑师处理文化"原料"的设计方法。生态进化是自然界中的生物为适应生态环境而改变自我的策略与方法,笔者运用其中的六种进化方式(简式进化、复式进化、趋同进化、趋异进化、镶嵌进化、特式进化),尽可能合理、全面地解析在建筑文化生态型案例中"显性"原型的演变应用与设计手法,从而形成本节核心的设计方法内容。

6.4.1 简式进化

简式进化(Regressive Evolution),是在生态环境中的生物,由结构复杂变为结构简单,是一种"以退为进"的进化方式[①]。同理,简式进化的设计方法,是指建筑文化生态原型由形式、空间、材质上结构复杂变为结构简单的设计方法,可以称为简化。此设计方法适用于复杂文化原型,使其简化后融于设计方案中,使得建筑既传承了地域文化元素,又带来了地域建筑创新效果。

1. 形式原型的简式进化

形式原型的简式进化是对复杂物质文化形式的简化提炼,保留最为基本的几何形式与比例关系,去除无伤基本形式的多余细节,并在建筑设计方案中合理运用。案例泰州科学发展观展示中心(编号:H01),将泰州民居中的"抹角"形式原型简化而运用于主入口两侧,并去除其中的砖砌叠涩等细节;案例腓特烈斯贝幼儿园(编号:H06),将丹麦传统民居的建筑形式简化成最基本的形式单元,并加以组合形成建筑方案;案例圣温塞斯拉斯教堂(编号:C17),将提取到的传统罗马教堂复杂原型简化成一个最基本的圆柱体,并加以空间剪切,从而形成方案,详见表6-7。

2. 空间原型的简式进化

空间原型的简式进化是对复杂空间文化原型的简化提炼与应用,提炼出最基本的空间模型,除去繁枝末节,并合理运用于建筑方案中。案例圣伯纳德礼拜堂(编号:N01),将传统教堂中的拱形空间简化提炼,并运用到方案剖面;案例大厂民族宫(编号:C02),将传统伊斯兰教堂的"洋葱"式穹顶空间简化为半球形穹顶,详见表6-7。

---

① 沈银柱, 黄占景. 进化生物学[M]. 2版. 北京: 高等教育出版社, 2008.

3. 材质原型的简式进化

材质原型的简式进化是将复杂的材质原型简化提炼，去除多余的材质影响，采用其中最为纯真的内容。案例苏州博物馆（编号：H03），将苏州传统民居中"粉墙黛瓦"色彩关系进行几何式线性提炼，并勾勒出方案的色彩关系；案例佐川美术馆（编号：C15），将日本传统民居山墙中的复杂立面材质简化并纯净化，使得方案简约而不失文化风采，详见表 6-7。

简式进化手法提取　　　　　　　　　　　　　　　　　　表 6-7

原型	概念图式	案例（详见附录）
形式		 泰州科学发展观展示中心——"抹角"细节的简化（编号：H01） 腓特烈斯贝幼儿园——传统民居形式的简化（编号：H06） 圣温塞斯拉斯教堂——传统罗马教堂形式的简化（编号：C17）
空间		 圣伯纳德礼拜堂——教堂拱形空间的简化（编号：N01） 大厂民族宫——穹顶空间的简化（编号：C02）
材质		 苏州博物馆——传统民居色彩的线性简化（编号：H03） 佐川美术馆——复杂立面材质的简化（编号：C15）

6.4.2　复式进化

与简式进化相反，复式进化（Aromorphosis Evolution）是由简单到复杂、由低等到高等的进化方向，是生物体形态结构、生理机能综合、全面的进化过程，其结果是生物体各个主要方面比原有的水平都要高级和复杂。同理，在建筑设计中，复式进化的设计方法，是指建筑文化生态原型由结构简单的形式、空间、材质原型变为结构复杂的设计方法，主要适用于简单文化原型，如基本文化几何图形、材质等，通过体块化、组合等复杂设计手法体现在设计方案中。

1. 形式原型的复式进化

简单的形式原型，一是常见于传统建筑的细节中，虽小但是富有文化特征；二是经简化的形式原型。简单形式原型的运用，除了最直接地在建筑方案细节中的运用之外，更巧妙的方式是将其运用为建筑形式生成基本素材，如通过多单元组合、叠加、立体构成等手法进行建筑整体方案建构。案例苏州博物馆（编号：H03），将古典园林中的传统六边形几何形式运用立体化构成生成建筑主体；案例食品别墅广场（编号：H05），对周边民居屋顶形式提炼后，进行叠加组合构成建筑方案形式；案例狭山森林小教堂（编号：C04），将日本传统的"合掌结"形式进行多单元组合，形成建筑的独特形式，详见表6-8。

2. 空间原型的复式进化

对于简单空间原型的复式运用，有叠加、组合、增加空间单元等设计手法。案例范曾艺术馆（编号：C05），将四合院围合的单一空间原型，在建筑立体层次上进行多个围合空间叠加，以形成建筑的多种空间院落；案例土楼公舍（编号：C07），将客家土楼的单元空间集合式空间原型，运用多种功能空间的组合重构，尝试解决当代大城市的低收入群体的集合住房问题；案例唐山有机农场（编号：C18），以四合院的围合式空间原型，进行统一平面的多次空间围合，形成丰富而有层次的院落空间，详见表6-8。

3. 材质原型的复式进化

传统建筑的材质原型，因技术等限制，具有传统而又相对固定的建造模式，复式进化意在将材质原型运用新的技术、设计及构成方法，设计、展示出材质原料新的面貌与形式。案例吉巴欧文化中心（编号：N12），将地域木材、竹子等材质原型，进行编织与创新，形成面貌独特的地域建筑经典；案例绩溪博物馆（编号：H04），将民居中的传统灰瓦材质，运用多种建构手法，应用于建筑外立面中，展现出传统材料的新面貌，详见表6-8。

复式进化手法提取   表 6-8

原型	概念图式	案例（详见附录）
形式		 苏州博物馆——传统六边几何形式的立体化（编号：H03） 食品别墅广场——屋顶形式的叠加组合（编号：H05） 狭山森林小教堂——日本"合掌结"形式的多单元组合（编号：C04）
空间		 范曾艺术馆——多围合空间叠加（编号：C05） 土楼公舍——多功能空间组合（编号：C07） 唐山有机农场——多个院落空间组合（编号：C18）
材质		 吉巴欧文化中心——地域材质的编织与创新（编号：N12） 绩溪博物馆——灰瓦材质的建构（编号：H04）

6.4.3 趋同进化

趋同进化（Convergence Evolution），是指不同物种在进化过程中，由于适应相似的环境而呈现出表型上的相似性。如果将一个新的建筑视为坐落于具体环境中的生物体，建筑师将设计方案根据环境中的典型形式、空间、材质原型进行转化与模仿，以求适应周边环境，那么这种设计手法即为趋同进化。

1. 形式原型的趋同进化

基地环境中的形式原型因其具有明显的外在特征，所以在建筑设计中的模拟运用方式有两种：一是建筑形体的立体模仿；二是建筑立面形式的抽象展现。案例桂林万达文旅展示中心（编号：N05），因建筑功能需求为桂林市的旅游文化展示中心，所以提取的形式原型为桂林典型地貌水景形式，建筑师将桂林山水形式原型进行中国国画式的二维艺术化处理，运用玻璃、数字化显示等技术，展现在新建建筑的外立面中，并结合水场景，营造出当代桂林山水的数字化意境；案例 Bosjes 教堂（编号：N10），建筑师将提取到的基地周边山体形式原型，运用数字化设计技术，模拟出具有非线性特征的当地地域建筑；案例中国美术学院民俗博物馆（编号：H02），建筑师将基地中提取到的茶场梯田形式原型，运用到建筑多组体块的错落叠加关系中，形成建筑的"梯田化"形式，详见表 6-9。

2. 空间原型的趋同进化

基地环境中的空间原型是物质之间的关系模式，建筑对空间原型的模拟是趋同适应环境的策略之一。案例赤水竹海国家森林公园入口（编号：N13），建筑师以自然环境中的竹海的虚幻空间为原型，将建筑设计为多簇竹林组合而成的空间廊道；案例美国国家非洲裔历史与文化博物馆（编号：H14），建筑处于严格的轴线空间限制范围内，建筑师顺应轴线的秩序，以适应基地严肃的人造环境；案例曲阜孔子研究院（编号：C08），因建筑处于中国儒家文化发祥地的曲阜，建筑师提取到春秋战国时期形成的"九宫格"布局空间原型，建筑群的布局特征基本模拟九宫布局特征，以寻求对浓厚儒家文化环境的适应，详见表 6-9。

3. 材质原型的趋同进化

通过对材质的得当运用使得新建建筑与环境趋同，也是适应环境的可行策略。案例佛光岩游客接待中心（编号：N07），运用丹霞当地的红色石材材质，与环境中的红色地貌融合；案例 MWD 艺术学校（编号：H09），运用镜面材质的反射原理，使建筑与环境融合；案例西藏尼洋河游客中心（编号：C03），提取藏族独特文化环境中经幡的"红黄蓝"色彩原型，运用到建筑内部空间中，使新建建筑与当地文化环境趋同融合，详见表 6-9。

趋同进化手法提取 表 6-9

原型	概念图式	案例（详见附录）
形式	□ ⇒ ○	 桂林万达文旅展示中心——桂林山水形式的模拟（编号：N05） Bosjes 教堂——山体形式的数字化模拟（编号：N10） 中国美术学院民俗博物馆——建筑梯田化形式（编号：H02）
空间	○ ⇒ ⊕	 赤水竹海国家森林公园入口——竹林虚幻空间的模拟运用（编号：N13） 美国国家非洲裔历史与文化博物馆——轴线空间协同（编号：H14） 曲阜孔子研究院——"九宫格"空间布局的运用（编号：C08）
材质	◉ ⇒ ❋	 佛光岩游客接待中心——丹霞红色石材材质的运用（编号：N07） MWD 艺术学校——镜面材质的运用，使建筑与环境融合（编号：H09） 西藏尼洋河游客中心——藏族经幡色彩的运用（编号：C03）

6.4.4 趋异进化

趋异进化（Divergence Evolution）又称为分歧进化，在生物进化过程中，其祖先为适应不同环境，向两个或者以上方向发展的过程。趋异进化的建筑设计手法概念与趋同进化不同，意为将建筑文化生态环境中提取的文化原型，在当代一定的技术与美学基础上，进行解构、变形、重构等设计手法转化，形成文化原型的全新解读。

1. 形式原型的趋异进化

形式原型的趋异进化，在尊重原型原本形式的基础上，通过多种手段的加工变异，以转化的形式组成建筑方案文化特色。案例圣伯纳德礼拜堂（编号：N01），将十字架的原型解构成为横、竖两个构件，通过自然环境中的光影变化重逢，构成方案的独特设计；案例Malopolska艺术花园（编号：H11），将传统建筑形式进行变形，并与基地周边建筑衔接，在不破坏环境肌理的同时，作出改变与创新；案例大厂民族宫（编号：C02），将传统伊斯兰教堂中的拱券形式，运用计算机非线性技术进行流线性加工，并将伊斯兰建筑中的传统纹样设计为立体式窗花，形成建筑方案的文化形式创新设计，详见表6-10。

2. 空间原型的趋异进化

空间原型的趋异进化，意为对传统的空间文化原型赋予新的内涵，或以不同的方式适应空间模式。案例水之教堂（编号：N09），将传统教堂封闭空间原型做开放化处理，并结合日本禅意空间，使得教堂空间神圣而纯净；案例黑白院落（编号：H07），充分考虑传统城市街区的空间纹理特征，运用非线性空间顺应城市肌理；案例成都远洋太古里改造（编号：H16），提取了传统街巷空间模型，并赋予其商业功能，形成富有文化韵味的商业空间，详见表6-10。

3. 材质原型的趋异进化

传统建筑中的材质原型形成了固定建造模式，其趋异进化的设计手法，一是改变传统建造方法；二是改变其固有应用部位；三是改变材质类型，而保留原材质纹理。案例 The Screen（编号：N04），将地域石材进行网格化编织，使室内外空间融合；案例塞内加尔文化中心（编号：N11），将当地茅草材质进行非线性建构，形成符合当代美学标准的设计形式；案例水晶屋（编号：H08），将部分红砖材质替换为同等尺寸的玻璃砖材质，创造出建筑实体的消隐与渐变效果；西海边的院子（编号：H19），提取到传统北京民居屋顶中的筒瓦材质原型，将其作为墙体材质，并根据筒瓦纹理特征进行数字化建构与应用；案例兰溪亭（编号：C09），打破传统民居中的青砖材质固定建造方式，运用非线性设计手法，建构出水波的流动韵律，详见表6-10。

趋异进化手法提取 表 6-10

原型	概念图式	案例（详见附录）
形式		 圣伯纳德礼拜堂——十字架的解构，借助光影的重构（编号：N01） Malopolska 艺术花园——传统形式的变形与衔接（编号：H11） 大厂民族宫——拱券形式的非线性变形与传统纹样的立体化（编号：C02）
空间		 水之教堂——教堂封闭空间的开放化与禅意空间的融合（编号：N09） 黑白院落——街区空间纹理的流线化变形（编号：H07） 成都远洋太古里改造——传统街巷空间的转译、商业化（编号：H16）
材质		 The Screen——地域石材的网格化编织（编号：N04） 塞内加尔文化中心——当地茅草材质的非线性建构（编号：N11） 水晶屋——建筑实体的消隐与渐变（编号：H08）

续表

原型	概念图式	案例（详见附录）
材质	—	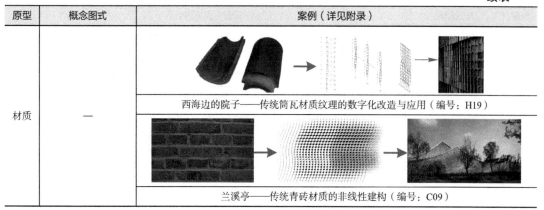西海边的院子——传统筒瓦材质纹理的数字化改造与应用（编号：H19） 兰溪亭——传统青砖材质的非线性建构（编号：C09）

6.4.5 镶嵌进化

在进化生态学领域，镶嵌进化（Mosaic Evolution）是由于不同器官的进化速率不相同，有些器官进化很快，而另一些器官进化停滞，因而造成一种具有混合特征的表型，即快速前进进化而产生的新特征和处于进化停滞状态的原始特征同时存在于一种生物上，这就是所谓的"镶嵌进化"。

镶嵌进化的建筑设计手法主要应用于历史建筑、历史街区改造项目中，是指历史建筑、街区作为改造的原型，将新的建筑形式、空间、材质以一种恰当的方式植入其中，并与之融合，形成两种风格迥异的元素结合体，即为镶嵌式设计手法。

1. 形式原型的镶嵌进化

形式原型的镶嵌进化，顾名思义，是将新的形式体块以穿插、衔接、贴合等方式嵌入历史建筑形式的设计方法。案例杭州中山路改造（编号：H15），王澍将新建筑体块嵌入历史街区中，使街区在保持历史文化原貌的同时，为历史与时代建筑之间提供了"对话"的平台，让历史街区具有了焕发新生的魅力；案例石材谷仓上的新屋（编号：H21），建筑师将新建筑体块与旧建筑穿插，形成独特旧貌新颜的设计效果；案例里加剧院扩建竞赛作品（编号：H22），建筑师将一个非线性的新建筑体块从屋顶与旧建筑衔接在一起，使得旧建筑具有了时代特征；案例蓝宝石酒厂改建（编号：H23），建筑师以酿酒厂的蒸馏器具为原型，设计出新建筑体块的形式，并与旧建筑通过窗户形成嵌合关系，使得新旧建筑恰当融合；案例 Mariehøj 文化中心（编号：H26），建筑师提取了传统建筑的屋顶形式原型，并以非线性化的新形式与旧建筑贴合，从而形成了建筑的新面貌，详见表 6-11。

2. 空间原型的镶嵌进化

空间原型的镶嵌进化，是将具有新功能的"空间"体块植入历史建筑中，在不破坏历史建筑基本面貌的基础上，赋予其新的功能与空间活力。案例扭院儿（编号：H18），建筑师通过将四合院中的铺装材质扭曲形成曲线化的空间构件，并嵌入四合院建筑空间，成为室内空间划分墙体，从而形成四合院的室内外空间的嵌合效果；案例卡萨尔巴拉格尔文化中心（编号：H20），在历史建筑中将新建筑功能空间嵌入，并突破旧建筑的形体限制，让新空间体块从旧建筑中"生长"出来，使历史建筑拥有了新的活力；案例圣弗朗西斯科教堂改造（编号：H25），建筑师将新功能空间按照历史建筑的空间特征进行排列，并镶嵌于旧建筑空间中，在基本不破坏历史教堂面貌的同时，使其具有了当代建筑功能与特征，详见表 6-11。

3. 材质原型的镶嵌进化

材质原型的镶嵌进化，与以上两者不同，是在历史建筑中运用新的材质，在基本保留原材质的同时，打破传统的固定模式，将新的材质嵌入原材质中，相互补充，相得益彰，使历史建筑具有适应时代发展的独特变化。案例北京四合院改造（编号：H17），建筑师首先提取了中国传统建筑中的窗花形式，再而运用当代的数字设计技术，用金属材质拼花的方式表达传统窗花，并将新材质镶嵌于四合院外墙材质中，使得陈旧的四合院具有了鲜明的时代特征，详见表 6-11。

镶嵌进化手法提取　　　　　　　　表 6-11

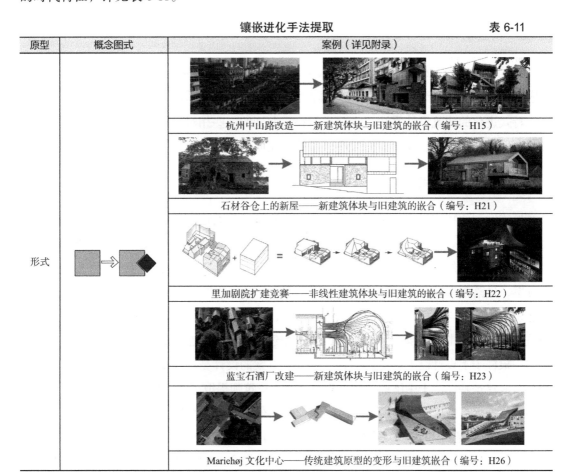

原型	概念图式	案例（详见附录）
形式		杭州中山路改造——新建筑体块与旧建筑的嵌合（编号：H15）
		石材谷仓上的新屋——新建筑体块与旧建筑的嵌合（编号：H21）
		里加剧院扩建竞赛——非线性建筑体块与旧建筑的嵌合（编号：H22）
		蓝宝石酒厂改建——新建筑体块与旧建筑的嵌合（编号：H23）
		Mariehøj 文化中心——传统建筑原型的变形与旧建筑嵌合（编号：H26）

续表

原型	概念图式	案例（详见附录）
空间		 扭院儿——室内外空间的嵌合（编号：H18） 卡萨尔巴拉格尔文化中心——新建筑功能空间嵌入旧建筑（编号：H20） 圣弗朗西斯科教堂改造——新功能空间与旧建筑的镶嵌（编号：H25）
材质		 北京四合院改造——传统窗花形式的金属材质与外墙的镶嵌（编号：H17）

6.4.6　特式进化

特式进化（Gerontomorphosis Evolution）是一种由一般到特殊的生物进化方式，指物种为适应某一独特的生活环境，从而形成局部器官过于发达的特异适应，是分化进化的特殊情况。

特式进化的建筑设计手法，主要是指将提取到的一些相对较小型的形式、空间、材质文化原型，运用放大、变形等方式进行设计，完成从小型原型到大型建筑的转化运用。

1. 形式原型的特式进化

形式原型的特式进化，是将提取到的形式原型，放大运用到建筑整体形式、布局中的特异化设计方法。案例上海世博会中国馆（编号：C10），建筑师提取到中国传统建筑文化中的斗拱原型，然后将斗拱原型进行放大与结构关系简化，并最终形成一簇硕大斗拱的设计方案，坐落于世博园中轴线的尽头；案例梼原木桥博物馆（编号：C14），提取到日本传统建筑中的斗拱与刎桥形式中的斗拱形式原型，因建筑基地位于一处主要道路两侧，所以建筑师借鉴刎桥中的斗拱的运用方法，将两侧建筑通过架设连廊的方式相连接，并在连廊下的一根柱子上设计巨大的斗拱形式，形成本方案的设计亮点；案例殷墟博物馆（编号：C19），因建筑基地位于中国商代都城遗址之上，建筑师提取了考古发掘出的甲骨文中"洹"字形式原型，并将其放大运用到博物馆建筑形式布局中；案例旁遮普狮报大楼总部（编号：N02），建筑师提取到印度传统民居建筑中的"Jali"（网格）形式原型，然后运用数字化设计方法，将形式原型进行非线性表皮建构，形成建筑方案的独特表皮形式，详见表6-12。

2. 空间原型的特式进化

空间原型的特式进化，是将提取的小型空间原型，运用到整个建筑空间中的设计方法。案例富平国际陶艺博物馆群主馆（编号：C22），提取到当地传统陶器原型，建筑师将陶器的空间模式放大并转化运用到展览建筑空间，使得博物馆与其展示物品内外统一；案例苏州文化体育中心（编号：C24），因地处中国古典园林文化的集结地，建筑师提取到富有"通透漏瘦"传统人文审美太湖石空间原型，运用当代数字化技术，对太湖石的空间特征进行模仿与转化，并应用到建筑方案的空间设计中，使之具有了地域文化特征，详见表6-12。

3. 材质原型的特式进化

材质原型的特式进化，是将提取到的材质原型，转化并大量运用于建筑中的设计方法。案例法赫德国王国家图书馆（编号：C16），提取到了沙特阿拉伯王国传统帐篷材质原型，为了适应当地强烈的日照环境，建筑师运用数字化控制与当代建造技术，将帐篷材质转化运用到图书馆的表皮建构中，使建筑不仅适应了不利的自然环境，也反映与传承了沙特阿拉伯王国的沙漠文化；案例三宝蓬艺术中心（编号：C23），提取了景德镇传统陶土材质原型，建筑师将其转化运用为建筑的围护结构，展现了景德镇悠久的陶瓷文化，详见表6-12。

特式进化手法提取　　　　　　　　　　　　　　　　　表 6-12

原型	概念图式	案例（详见附录）
形式		上海世博会中国馆——传统斗拱形式的放大与特异化重构（编号：C10）
		梼原木桥博物馆——斗拱形式的放大与刿桥形式的变形（编号：C14）
		殷墟博物馆——甲骨文"洹"字形式放大的建筑布局（编号：C19）
		旁遮曾狮报大楼总部——印度"Jali"的建筑表皮数字化设计（编号：N02）
空间		富平国际陶艺博物馆群主馆——陶器空间的建筑放大运用（编号：C22）

原型	概念图式	案例（详见附录）		
空间	—			
		苏州文化体育中心——太湖石空洞空间的数字转化（编号：C24）		
材质				
		法赫德国王国家图书馆——沙特传统帐篷材质建筑表皮转化运用（编号：C16）		
		三宝蓬艺术中心——景德镇传统陶土的建筑围护结构运用（编号：C23）		

6.5 "隐性"原型的生态转化式表达

正如上文所述，"隐性"原型不具有具体的物质形式及空间特征。因此，本文对"隐性"原型的表达方法，可以概括为实体化、空间化、抽象化三种表达方式。

6.5.1 实体化

"隐性"原型的实体化，即指对缺失具体物质形式的隐性文化原型进行创作，并转化为具体的建筑形式。

1.观念原型的实体化

观念原型的实体化，难点在于如何深入理解观念原型的意义，并创作出合理的建筑形式。

大同市博物馆案例中，建筑师对提取到的"龙图腾"原型进行设计创作，针对龙形象的蜿蜒与曲折，将建筑的实体部分以转折与流线的形式表达出来，并结合建筑的实际功能，完成龙图腾的意向表达；浙江美术馆案例中，程泰宁先生将提取到的中国传统审美观念中的"意境"原型，与基地所处的山水环境相结合，将建筑设计为与自然环境融为一体的中国山水画，并在设计中，解构式运用传统建筑中的屋顶等建筑形式，使建筑成为山水画的点睛之处，最终实现建筑"意境"的实体营造；铜陵山居案例中，建筑师将"一生二"的道家哲学观念运用到对建筑形体的处理上，将传统建筑的山墙与屋顶形式生成过程一分为二，使建筑呈现出一种"分叉"的动态特征，从而表达出"一生二"的观念原型，详见表6-13。

2. 历史原型的实体化

历史原型的实体化，难点在于如何从信息无序的历史脉络中，寻找出合理的片段原型，从而实现对特定历史的恰当表达。

在美国"烧不尽"博物馆案例中，为了展现堪萨斯州的草原文化，建筑师联想到当地草原的可控"燃烧"传统，并提取出"火焰"原型，运用变色玻璃与炫彩不锈钢砖实体表达出火焰的建筑形式；阿联酋历史"卷轴"博物馆，是为了纪念 1971 年阿拉伯联合酋长国的独立，建筑师提取到当时签署的历史文件卷轴原型，运用数字化技术，将文件卷轴的形式表达在建筑形式中，详见表 6-13。

"隐性"原型实体化手法提取　　　表 6-13

原型	概念图式	案例
观念		
		大同市博物馆——龙图腾的形体转化
		浙江美术馆——意境的实体创作
		铜陵山居——道家"一生二"思想的实体转化
历史		
		"烧不尽"博物馆——草原火灾历史的铭记
		阿联酋历史"卷轴"博物馆——纪念 1971 年签署阿拉伯联合酋长国成立的文件历史

6.5.2　空间化

"隐性"原型的空间化，与实体化的建筑表达不同，区别在于空间化是指建筑师将建筑的"隐性"原型设计表达在建筑的空间形式中。

1. 观念原型的空间化

观念原型的空间化，重点在于理解与贯通原型的内涵，并在建筑空间中加以塑造，以表达出与之相似的空间感受。因此，此手法亦可称为观念原型的场所营造。

黄帝陵祭祀大殿案例，张锦秋先生将"天圆地方"的传统宇宙空间观念，运用到大殿的空间组织中，在黄帝像的顶部，也就是大殿正中上方屋顶处设计一个圆形空间，与建筑方形基座，构成"天圆地方"的空间概念；"万宗归一"茶室，建筑师将佛教禅宗境界的"万宗归一"观念与中国传统的茶文化相融合，营造一个由上千根木桩围合成的球形向心空间，表达出佛教禅定神闲的意境；土耳其的 Sancaklar 清真寺，建筑师将传统伊斯兰教中的礼拜神圣空间原型，通过天光照向墙面的空间形式予以表达（表 6-14）。

2. 历史原型的空间化

历史原型的空间化，重点在于把握历史原型的氛围特征，并将此特征在建筑空间中加以营造。

日本宫原遗址博物馆，是为展示当地古日本绳纹时代古人类的生存遗迹，建筑师提取了古人类生存的原始洞穴历史原型，并在博物馆的空间营造中抽象表达出来；侵华日军南京大屠杀遇难同胞纪念馆扩建工程中，何镜堂院士深入发掘日军侵华战争的残酷与暴虐，并在纪念馆设计中营造出压抑氛围的序列空间，让参观者切身体会到战争的苦痛与民族的伤痕，详见表 6-14。

"隐性"原型空间化手法提取　　　　　　　　　　　表 6-14

原型	概念图式	案例（详见附录）
观念		 黄帝陵祭祀大殿（编号：C11）——天圆地方的空间转化 "万宗归一"茶室——禅宗境界的空间转化 土耳其 Sancaklar 清真寺——宗教神圣空间的营造

原型	概念图式	案例（详见附录）
历史		

日本宫原遗址博物馆——对日本绳纹时代古人类生存洞穴的空间转化

和平公园　　祭庭　　灾难之庭　　纪念广场
尾声----------高潮--------铺垫----------序曲

侵华日军南京大屠杀遇难同胞纪念馆扩建——纪念场所营造与序列式空间布局

侵华日军第七三一部队罪证陈列馆——"黑匣子"空间的断裂与打开象征真相大白

6.5.3　抽象化

"隐性"文化原型的抽象化表达，是指对于传统哲学观念的理念化表达方式。传统文化的核心是哲学，而传统哲学的本质是传统的思维方式[①]。因此，对于中国哲学观念的文化表达，不是运用哪一种特定的物质形式或是营造观念就可以表达出来，而重在对传统思维方式的抽象继承，本节以两个观念原型为例进行说明：一是"天人合一"的哲学思想；二是传统的"中和"思想，详见表 6-15[②]。

1."天人合一"——"人-建筑-环境"的和谐共生

中国文化的哲学根基深厚，如果说周易的阴阳哲学是古人对世界本质的认识，那么道家庄子的"天人合一"则道出的是作为主体的人和作为客体的自然同构同源的特征与本质。传统哲学观念的表达，需要传承"天人合一"的哲学思想，建筑项目设计之初，即应该有"人-建筑-环境"和谐共生的整体定位与把握，除了参考传统思想中的顺应自然、师法自然等意识观念，还应该善于运用当代已经较为科学完备的设计理论与技术方法，从而使得设计在形式、功能、技术等一系列层面实现共同的价值目标[③]。

2."中和美"——文化性与现代性的中庸之道

孔子曰："中庸之为德也，其至矣乎，民鲜久矣。（《论语·庸也篇》）"孔子将"中庸"

---

① 赵恺, 李晓峰. 突破"形象"之围：对现代建筑设计中抽象继承的思考[J]. 新建筑, 2002(2): 65-66.

② 李超先, 李世芬, 王梦凡. 建筑文化的层次性表达方法探析[J]. 新建筑, 2018(8): 76-79.

③ 李世芬, 冯路. 新有机建筑设计观念与方法研究[J]. 建筑学报, 2008(9): 14-17.

归于"礼"的道德范畴内，中庸成功地协调了古代中国的各种社会矛盾，并且孕育了中华民族早期的辩证思想①。《中庸》云："喜怒哀乐之未发，谓之中，发而皆中节，谓之和；中也者，天下之大本也；和也者，天下之达道也。致中和，天地位焉，万物育焉。"文中解释的"中和"已然成为人们对行为美学的一种审视观点与美学标准。进而，古人形成了"比德山水"的美学追求②，即营造如同君子的"中和"品格一样的山水环境。在传统文化中，虽然建筑的中庸之道不同于一般意义上的处世之道，但是对于建筑的构成与审美，原理是相似的，即"中和之美"，美在和谐③。

建筑创作中，传统文化与现代形式如何结合是至关重要的问题，这需要建筑师深入理解传统的"中和美"观念，进而探寻建筑的文化性与现代性的中庸之道。庞朴④将"中和"的表现形式按照矛盾双方的不同关系归纳为四种：A 而 B，A 而不 A'，不 A 不 B，亦 A 亦 B⑤⑥。如果将建筑的"文化性"与"现代性"这对矛盾⑦分别视作 A、B，笔者认为，不 A 不 B 的形式难以表现建筑的文脉，也缺乏时代性表现，不值得提倡也难以被社会接受。另外，其中还缺少了一种 B 而 A 的形式，同时结合其余三种形式，则能够用来解释上述的建筑文化表达问题。这四种表现形式即：A 而 B——古型新貌；B 而 A——神似貌异；A 而不 A'——古型今用；亦 A 亦 B——古新兼备。

哲学观念原型的抽象化表达方法推演　　　　　　　　　表 6-15

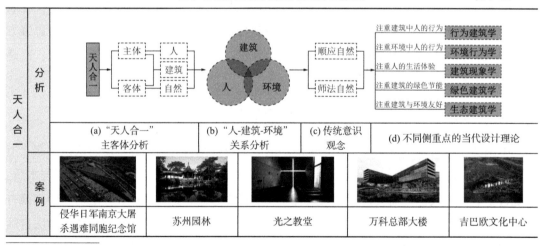

① 杨毅. 试析中和之美的建筑维度意义[J]. 云南工业大学学报, 1996(4): 73-78.
② 出自《论语·雍也篇》："知者乐水，仁者乐山，君子比德于山水。"
③ 李宁, 胡建华, 张光兴. 浅析儒家"中和美"对我国传统建筑设计的影响[J]. 青岛理工大学学报, 2010(2): 102-106.
④ 庞朴, 中国当代著名历史学家、文化史家、哲学史家、方以智研究专家、山东大学终身教授、儒学研究权威, 致力于中国哲学史、思想史、文化史以及出土简帛方面的研究。
⑤ A 而 B，意为以对立方面 B 来济 A 的不足；A 而不 A'，则强调泄 A 之过，勿使 A 走向极端；不 A 不 B，指不立足于任何一边；亦 A 亦 B，则指对立双方的互相补充。
⑥ 庞朴. "中庸"平议[J]. 中国社会科学, 1980(1): 75-100.
⑦ 在建筑设计中，需要"中和"考虑的矛盾有许多，甚至是多维度的对立矛盾，本书以"文化性"-"现代性"的矛盾为例，探讨中和美的表达方法。

续表

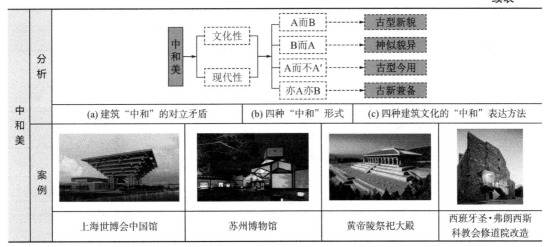

中和美	分析	(a) 建筑"中和"的对立矛盾	(b) 四种"中和"形式	(c) 四种建筑文化的"中和"表达方法
	案例	上海世博会中国馆	苏州博物馆	黄帝陵祭祀大殿 ／ 西班牙圣·弗朗西斯科教会修道院改造

6.6　建筑文化的生态性设计方法归纳

本章在第 3 章及第 4 章论据基础上，推演了建筑文化的生态性表达方法。本节将核心的"显性"原型的生态进化式表达方法（表 6-16）以及"隐性"原型的生态转化式表达方法（表 6-17）进行整理归纳。

"显性"原型的生态进化式表达方法归纳　　　　表 6-16

方法	原型		
	形式原型	空间原型	材质原型
简式进化			
复式进化			
趋同进化			
趋异进化			
镶嵌进化			
特式进化			

"隐性"原型的生态转化式表达方法归纳　　　　　　　　表 6-17

方法	原型	
	观念原型	历史原型
实体化		
空间化		
抽象化		
	(a)"天人合一"主客体分析　(b)"人-建筑-环境"关系分析　(c)传统意识观念　(d)不同侧重点的当代设计理论	
	(a)建筑"中和"的对立矛盾　(b)四种"中和"形式　(c)四种建筑文化的"中和"表达方法	

附　录

建筑文化生态型案例分析库

目　录

	自然环境（N）		人造环境（H）		文化环境（C）
N01	圣伯纳德礼拜堂	H01	泰州科学发展观展示中心	C01	西双版纳万达文华度假酒店
N02	旁遮普狮报大楼总部	H02	中国美术学院民俗博物馆	C02	大厂民族宫
N03	日落教堂	H03	苏州博物馆	C03	西藏尼洋河游客中心
N04	The Screen	H04	绩溪博物馆	C04	狭山森林小教堂
N05	桂林万达文旅展示中心	H05	食品别墅广场	C05	范曾艺术馆
N06	贵安新区消防应急救援中心	H06	腓特烈斯贝幼儿园	C06	森庐
N07	佛光岩游客接待中心	H07	黑白院落	C07	土楼公舍
N08	沙漠天文台	H08	水晶屋	C08	曲阜孔子研究院
N09	水之教堂	H09	MWD 艺术学校	C09	兰溪亭
N10	Bosjes 教堂	H10	4×12 工作室	C10	上海世博会中国馆
N11	塞内加尔文化中心	H11	Malopolska 艺术花园	C11	黄帝陵祭祀大殿
N12	吉巴欧文化中心	H12	阿麦尔儿童文化馆	C12	石塘互联网会议中心
N13	赤水竹海国家森林公园入口	H13	里伯教会活动中心	C13	车田村文化中心
N14	竹之翼	H14	美国国家非洲裔历史与文化博物馆	C14	梼原木桥博物馆
N15	树屋	H15	杭州中山路改造	C15	佐川美术馆
N16	蓝石溪地农园会所	H16	成都远洋太古里改造	C16	法赫德国王国家图书馆
		H17	北京四合院改造	C17	圣温塞斯拉斯教堂
		H18	扭院儿	C18	唐山有机农场
		H19	西海边的院子	C19	殷墟博物馆
		H20	卡萨尔巴拉格尔文化中心	C20	侵华日军南京大屠杀遇难同胞纪念馆扩建
		H21	石材谷仓上的新屋	C21	侵华日军第七三一部队罪证陈列馆
		H22	里加剧院扩建竞赛	C22	富平国际陶艺博物馆群主馆
		H23	蓝宝石酒厂改建	C23	三宝蓬艺术中心
		H24	帕伦西亚文化中心	C24	苏州文化体育中心
		H25	圣弗朗西斯科教堂改造	C25	浙江美术馆
		H26	Mariehøj 文化中心	C26	孔子博物馆
		H27	凤凰措艺术乡村		
		H28	小米醋博物馆		

建筑文化生态型案例分析		主导因子	**自然环境**	人造环境	文化环境

编号:N01	**圣伯纳德礼拜堂**	

基本信息	建筑师	Nicolás Campodonico
	地点	阿根廷科尔多瓦
	面积	92m²
	时间	2015 年

文化的生态性表达分析	文化生态位	自然环境	人造环境	文化环境	内在环境
		阿根廷一处远离城市的自然平原	原有一百余年的农舍	基督教宗教文化	当代教堂建筑
	限制因子	自然元素		教堂空间	
	文化生态原型	阳光与阴影	十字架形成的典故		拱形空间
	生态进化	趋异进化——光影变化+十字架解构		简式进化——拱形空间的简化	
	效果				

建筑文化生态型案例分析		主导因子	**自然环境**	人造环境	文化环境

编号:N02	旁遮普狮报大楼总部		
基本信息	建筑师	Studio Symbiosis Architects	
	地点	印度新德里	
	面积	18000m²	
	时间	2015 年	

文化的生态性表达分析	文化生态位	自然环境	人造环境	文化环境	内在环境
		日照强烈	处于新德里城市办公区,无历史建筑	印度传统建筑的遮阳文化元素	当代办公建筑
	限制因子	印度独特的民俗文化	印度传统民居遮阳文化		印度旁遮普的强烈日照
	文化生态原型	印度传统的"网格"(Jali)图案			
	生态进化	特化式进化——"网格"元素的非线性数字表皮遮阳系统建构			
	效果				

建筑文化生态型案例分析		主导因子	**自然环境**	人造环境	文化环境

编号:N03	日落教堂			

	建筑师	BNKR
基本信息	地点	墨西哥格雷罗州
	面积	120m²
	时间	2011 年

	文化生态位	自然环境	人造环境	文化环境	内在环境
文化的生态性表达分析		处于墨西哥海边的一座山顶上	无历史建筑遗存	基督教宗教文化	当代宗教建筑
	限制因子	巨石遮挡的基地环境		教堂神圣空间与生命意义	
	文化生态原型	山顶上的巨石	日落	光影	
	生态进化	趋同进化——仿石块体块		趋异进化——空间与自然融合	
	效果				

建筑文化生态型案例分析		主导因子	**自然环境**	人造环境	文化环境

编号:N04	The Screen	

基本信息	建筑师	李晓东
	地点	中国浙江宁波九龙山涤尘谷
	面积	600m²
	时间	2013 年

文化的生态性表达分析	文化生态位	自然环境	人造环境	文化环境	内在环境
		宁波涤尘谷的山地自然环境	无历史建筑遗存	宁波地区传统建筑文化	当代办公建筑
	限制因子	地形	山石	树	
	文化生态原型	山地传统建筑	传统石材	院落	
	生态进化	趋同进化——顺应地形	趋异进化——石砖的网格编织	趋同进化——树的院落围合	
	效果				

建筑文化生态型案例分析		主导因子	自然环境	人造环境	文化环境
编号:N05	**桂林万达文旅展示中心**				
基本信息	建筑师	腾远设计研究所有限公司 WAT 工作室			
	地点	中国广西桂林七星区			
	面积	4000m²			
	时间	2016 年			

文化的生态性表达分析	文化生态位	自然环境	人造环境	文化环境	内在环境
		桂林自然山水	桂林城市环境，基地无历史遗存	桂林自然山水文化	当地旅游展示建筑
	限制因子	桂林自然山水		植物	
	文化生态原型	传统山水画		竹林走廊	
	生态进化	趋同进化——抽象提取＋玻璃材质的投射叠加		趋异进化——编织＋结构化	
	效果				

建筑文化生态型案例分析		主导因子	**自然环境**	人造环境	文化环境

编号:N06	贵安新区消防应急救援中心				

基本信息	建筑师	西线工作室
	地点	中国贵州贵阳
	面积	13890m²
	时间	2017 年

文化的生态性表达分析	文化生态位	自然环境	人造环境	文化环境	内在环境
		处于贵安新区一个山坡上	无历史建筑遗存	贵州山地建筑文化	当代消防建筑
	限制因子	山地地形	贵安新区大学城		消防建筑
	文化生态原型	山地传统建筑	消防-红色		
	生态进化	趋同进化——山地地形的适应			复式进化——红色色彩标志化
	效果				

建筑文化生态型案例分析		主导因子	**自然环境**	人造环境	文化环境

<table>
<tr><td rowspan="5">编号:N07</td><td rowspan="5" colspan="2">佛光岩
游客接待中心</td><td colspan="3" rowspan="2"></td></tr>
<tr></tr>
<tr><td>基本信息</td><td>建筑师</td><td>西线工作室</td></tr>
</table>

基本信息	建筑师	西线工作室
	地点	中国贵州赤水
	面积	583m²
	时间	2013 年

<table>
<tr>
<td rowspan="9">文化的生态性表达分析</td>
<td rowspan="2">文化生态位</td>
<td>自然环境</td><td>人造环境</td><td>文化环境</td><td>内在环境</td>
</tr>
<tr>
<td>位于赤水市佛光岩景区入口处</td><td>无历史建筑遗存</td><td>贵州山地建筑特征</td><td>当代小型游客接待中心旅游建筑</td>
</tr>
<tr>
<td rowspan="2">限制因子</td>
<td>丹霞世界自然遗产</td><td>红色自然地貌</td><td colspan="2">景区入口游客接待</td>
</tr>
<tr>
<td></td><td></td><td colspan="2"></td>
</tr>
<tr>
<td rowspan="2">文化生态原型</td>
<td>波折的丹霞山石</td><td>当地红色石材</td><td colspan="2">红砖</td>
</tr>
<tr>
<td></td><td></td><td colspan="2"></td>
</tr>
<tr>
<td rowspan="2">生态进化</td>
<td colspan="2">趋同进化——波折立面顺应地势</td><td colspan="2">趋同进化——人造"红场"</td>
</tr>
<tr>
<td colspan="2"></td><td colspan="2"></td>
</tr>
<tr>
<td>效果</td>
<td colspan="4"></td>
</tr>
</table>

建筑文化生态型案例分析		主导因子	**自然环境**	人造环境	文化环境

编号:N08	沙漠天文台	
基本信息	建筑师	西线工作室
	地点	伊朗南呼罗珊省
	面积	69m²
	时间	2017 年

		自然环境	人造环境	文化环境	内在环境
文化的生态性表达分析	文化生态位	位于伊朗一处偏远的农村，气候炎热，土地沙漠化	附近有传统的村庄	地方传统建筑文化	当代天文台建筑
	限制因子	气候环境——土地沙漠化	基地位置	用途——天文观测	
	文化生态原型	当地土坯砖的使用	伊朗农村当地民居	传统天文台形制	
	生态进化	趋异进化——土坯砖的建构		简式进化——天文台的简化	
	效果				

建筑文化生态型案例分析			主导因子	**自然环境**	人造环境	文化环境

编号:N09	水之教堂	
基本信息	建筑师	安藤忠雄
	地点	日本北海道
	面积	520 m²
	时间	1988 年

文化的生态性表达分析	文化生态位	自然环境	人造环境	文化环境	内在环境
		处于北海道夕张山脉的一片森林中	无历史建筑遗存	基督教文化,以及日本禅宗文化	当代宗教建筑
	限制因子	教堂空间		周边环境——群山、河流	
	文化生态原型	教堂神圣气氛		水环境的平静与反射	
	生态进化	趋异进化——教堂神圣空间的开放化与水环境的融合			
	效果				

建筑文化生态型案例分析		主导因子	**自然环境**	人造环境	文化环境

编号:N10	Bosjes 教堂	

基本信息	建筑师	Steyn Studio
	地点	南非
	面积	430m²
	时间	2016 年

文化的生态性表达分析	文化生态位	自然环境	人造环境	文化环境	内在环境
		处于南非一处葡萄园内，四周环山	无历史建筑遗存	基督教文化	当代教堂建筑
	限制因子	山脉环绕	教堂		当代文化建筑
	文化生态原型	波折的山川轮廓	摩拉维亚教堂的白色材质		教堂的封闭空间
	生态进化	趋同进化——山体形式与白色材质			趋异进化——教堂空间开放化
	效果				

建筑文化生态型案例分析		主导因子	**自然环境**	人造环境	文化环境

<table>
<tr><td rowspan="5">编号:N11</td><td colspan="5" rowspan="2">塞内加尔
文化中心</td></tr>
<tr></tr>
</table>

基本信息	建筑师	托希科·莫里
	地点	塞内加尔
	面积	1050m²
	时间	2015

	文化生态位	自然环境	人造环境	文化环境	内在环境
文化的生态性表达分析		非洲热带自然环境	非洲传统村落	地方传统建筑文化	当代乡村文化建筑

	限制因子	热带气候		村落环境	

	文化生态原型	当地茅草屋顶和竹子	开放交流空间	当地土坯材料

	生态进化	趋异进化——茅草屋顶的参数化改造		趋异进化——土坯砖网格编织

	效果			

建筑文化生态型案例分析		主导因子	**自然环境**	人造环境	文化环境

编号:N12	吉巴欧文化中心	

基本信息	建筑师	伦佐·皮亚诺
	地点	法属努美亚
	面积	7650m²
	时间	1998 年

文化的生态性表达分析	文化生态位	自然环境	人造环境	文化环境	内在环境
		处于南太平洋的一座海岛上，雨林密布	无历史建筑遗存	地方传统建筑文化	当代文化中心建筑
	限制因子	热带海洋性气候，森林密布			当代文化建筑风格
	文化生态原型	当地传统棚屋——地方植物材料的编织			
	生态进化	趋异进化——传统植物材料与"编织"的构筑改进			
	效果				

建筑文化生态型案例分析				主导因子	自然环境	人造环境	文化环境

编号:N13		赤水竹海国家森林公园入口					
基本信息	建筑师	西线工作室					
	地点	中国贵州赤水					
	面积	513m²					
	时间	2008 年					

文化的生态性表达分析	文化生态位	自然环境	人造环境	文化环境	内在环境
		处于赤水市竹海国家森林公园,周边竹林茂密,景色优美	基地内无历史建筑遗存	地方传统建筑文化	当代旅游建筑小型入口
	限制因子	自然环境	赤桐公路		入口功能
	文化生态原型	竹海	竹林晴、雨、雾气候中的空间特征		
	生态进化	趋同进化——仿竹海肌理	趋同进化——竹林若隐若现、变幻性空间模仿		
	效果				

建筑文化生态型案例分析		主导因子	**自然环境**	人造环境	文化环境

编号:N14	竹之翼	

基本信息	建筑师	Vo Trong Nghia（武重义）
	地点	越南河内
	面积	1600m²
	时间	2010 年

文化的生态性表达分析	文化生态位	自然环境	人造环境	文化环境	内在环境
		处于越南河内一处自然景区	无历史建筑遗存	地方传统建筑文化	景区餐饮旅游建筑
	限制因子	热带季风季候，高温多雨	竹林茂密		茅草
	文化生态原型	鸟翼	传统民居竹子与茅草运用		当代商业建筑的大空间
	生态进化	趋同进化——鸟翼形式的模仿	趋异进化——竹子结构化与大空间建构		
	效果				

建筑文化生态型案例分析		主导因子	**自然环境**	人造环境	文化环境

编号:N15	树屋	

基本信息	建筑师	Vo Trong Nghia（武重义）
	地点	越南胡志明市
	面积	474m²
	时间	2014 年

		自然环境	人造环境	文化环境	内在环境
文化的生态性表达分析	文化生态位	位于越南胡志明市区内，自然环境被破坏	基地内无历史建筑遗存	地方传统建筑文化	城市私人住宅建筑
	限制因子	越南竹林生物环境	越南原始森林	胡志明市城市与自然脱离	
	文化生态原型	竹子材料纹理	传统民居竹子材料运用	花盆与植物	
	生态进化	趋异进化——竹子纹理的负形处理		趋同进化——混凝土盒子与树	
	效果				

建筑文化生态型案例分析		主导因子	**自然环境**	人造环境	文化环境

编号:N16	蓝石溪地农园会所			
基本信息	建筑师	王泉、蔡善毅与 Associates		
	地点	山东省济南市槐荫区		
	面积	1530m²		
	时间	2014 年		

文化的生态性表达分析	文化生态位	自然环境	人造环境	文化环境	内在环境
		地势平坦，城市郊区，周边为农田	无历史建筑遗存	位于城郊，文化环境较弱	休闲、娱乐场所
	限制因子	基地周边环境			
	文化生态原型	石材	茅草	坡屋顶	
	生态进化	趋同进化——屋顶形式自然折线化处理			
	效果				

建筑文化生态型案例分析		主导因子	自然环境	**人造环境**	文化环境

编号:H01	**泰州科学发展观展示中心**				

基本信息	建筑师	何镜堂
	地点	中国江苏泰州
	面积	17970m^2
	时间	2011 年

文化的生态性表达分析	文化生态位	自然环境	人造环境	文化环境	内在环境
		位于泰州市区内,自然特征不明显	基地邻近泰州五巷传统街区	泰州历史传统街区及建筑文化	城市文化展示中心建筑
	限制因子	历史街区	城市空间与历史街区的交接		
	文化原型	传统民居形式	院落	抹角、砖砌等细节	
	生态进化	简式进化——原型抽象提炼	复式进化——抽象原型的组合		
	效果				

建筑文化生态型案例分析		主导因子	自然环境	**人造环境**	文化环境

编号:H02	中国美术学院 民俗博物馆		

基本信息	建筑师	隈研吾
	地点	中国浙江杭州
	面积	4970m²
	时间	2015 年

文化的生态性表达分析	文化生态位	自然环境	人造环境	文化环境	内在环境
		地处丘陵地带	基地原址为农业梯田茶场	中国江南建筑文化	民俗博物馆建筑
	限制因子	杭州传统民居	传统农业环境	当代展示空间	
	文化原型	杭州传统民居屋顶式	梯田形式	民居中的灰瓦材料	
	生态进化	简化进化——屋顶形式简化	趋同进化——建筑梯田化形式	趋异进化——灰瓦作为界面	
	效果				

建筑文化生态型案例分析		主导因子	自然环境	**人造环境**	文化环境

编号:H03	苏州博物馆		

	建筑师	贝聿铭
基本信息	地点	中国江苏苏州
	面积	17000m²
	时间	2004 年

	文化生态位	自然环境	人造环境	文化环境	内在环境
		无明显自然特征	周边为苏州古典园林	古典园林建筑文化	当代博物馆建筑
文化的生态性表达分析	限制因子	苏州古典园林	民居建筑	当代展示空间	
	文化原型	园林建筑中的几何形式	粉墙黛瓦建筑色彩	建筑灰瓦材料和假山	
	生态进化	复式进化——六边形的立体化	简式进化——色彩的线性简化	趋异进化——旧纹理新材料	
	效果				

建筑文化生态型案例分析		主导因子	自然环境	**人造环境**	文化环境

编号:H04	绩溪博物馆	

基本信息	建筑师	李兴刚
	地点	中国安徽绩溪县
	面积	10003m²
	时间	2013 年

文化的生态性表达分析	文化生态位	自然环境	人造环境	文化环境	内在环境
		基地内无明显自然特征，城市周边群山环绕	绩溪老县衙、县政府旧址、邻近明清时期民居聚落	徽派民居文化	地方历史博物馆建筑
	限制因子	绩溪县自然环境	民居聚落		绩溪县城
	文化生态原型	绩溪县山体层叠	徽派民居"明堂"空间		徽派民居中的灰瓦材料
	生态进化	趋同进化——山体原型的转化	趋异进化——"明堂"的组合		复式进化——灰瓦的不同编织
	效果				

建筑文化生态型案例分析			主导因子	自然环境	**人造环境**	文化环境

编号:H05		食品别墅广场			
基本信息	建筑师	I Like Design Studio	
	地点	泰国	
	面积	4000m²	
	时间	2013 年	

文化的生态性表达分析	文化生态位	自然环境	人造环境	文化环境	内在环境
		无明显自然特征	邻近传统居住区	地方民居文化	现代化农产品市场建筑
	限制因子	当地居民区	基地位置	当代城市市场	
	文化生态原型	当地民居屋顶形式			
	生态进化	复式进化——屋顶形式的叠加组合与剪切			
	效果				

建筑文化生态型案例分析		主导因子	自然环境	**人造环境**	文化环境

编号:H06		腓特烈斯贝 幼儿园			
基本信息	建筑师	COBE			
	地点	丹麦 哥本哈根 腓特烈斯贝市			
	面积	1700m²			
	时间	2015 年			

文化的生态性表达分析	文化生态位	自然环境	人造环境	文化环境	内在环境
		无明显自然特征	邻近腓特烈斯贝市城市传统居住区	北欧民居文化	现代城市幼儿园建筑
	限制因子	腓特烈斯贝市城市环境 	幼儿的视角 		当代幼儿园建筑空间
	文化生态原型	丹麦民居 			
	生态进化	复式进化——单元的组合 	简式进化——体块的抽象 		
	效果				

建筑文化生态型案例分析			主导因子	自然环境	**人造环境**	文化环境

编号:H07	黑白院落	

基本信息	建筑师	J. MAYER H.
	地点	德国耶拿
	面积	9555m²
	时间	2015 年

文化的生态性表达分析	文化生态位	自然环境	人造环境	文化环境	内在环境
		无明显自然特征	地处耶拿市历史街区	德国传统城市建筑、街区文化特色	当代城市综合体建筑
	限制因子	耶拿城市环境	耶拿历史街区建筑	当代城市综合体	
	文化生态原型	耶拿历史街区肌理			
	生态进化	趋异进化——城市肌理流线化	镶嵌进化——历史街区新建筑形式的嵌合		
	效果				

建筑文化生态型案例分析		主导因子	自然环境	**人造环境**	文化环境
编号:H08	**水晶屋**				

基本信息	建筑师	MVRDV
	地点	荷兰阿姆斯特丹
	面积	840m²
	时间	2016 年

文化的生态性表达分析	文化生态位	自然环境	人造环境	文化环境	内在环境
		无明显自然特征	原址为历史商业街区中的一栋建筑	地方传统建筑文化	香奈儿的国际旗舰店
	限制因子	阿姆斯特丹城市环境	历史街区		奢侈品牌旗舰店形象
	文化生态原型	阿姆斯特丹街区建筑原型			红砖传统材料
	生态进化	趋异进化——建筑材质的渐变			趋异进化——材质的转换
	效果				

建筑文化生态型案例分析		主导因子	自然环境	人造环境	文化环境

编号:H09	MWD 艺术学校				
基本信息	建筑师	Carlos Arroyo			
	地点	比利时 布鲁塞尔 迪尔贝克			
	面积	3554m²			
	时间	2012 年			

文化的生态性表达分析	文化生态位	自然环境	人造环境	文化环境	内在环境
		基地周边有茂密的植被	基地位于市中心，周边有市政广场、餐厅及传统民居建筑	地方传统街区、建筑文化	当代文化教育建筑
	限制因子	周边建筑环境	周边环境		当代文化建筑形式
	文化生态原型	住宅建筑形式	音乐的色彩解读		镜面适应环境手法
	生态进化	复式进化——形式重复与组合			趋同进化——多面材料
	效果				

建筑文化生态型案例分析		主导因子	自然环境	**人造环境**	文化环境

编号:H10	4×12 工作室	

基本信息	建筑师	USE Studio
	地点	伊朗伊斯法罕
	面积	70m²
	时间	2011 年

文化的生态性表达分析	文化生态位	自然环境	人造环境	文化环境	内在环境
		无明显自然特征	位于城市传统居民区	地方建筑文化	当代办公建筑
	限制因子	伊斯法罕城市环境	基地与既有建筑关系		基地旁建筑
	文化生态原型	伊斯法罕清真寺的双重界面			红砖传统材料
	生态进化	趋同进化——新建筑外重表皮的环境协同		趋异进化——红砖的编织建构	
	效果				

建筑文化生态型案例分析		主导因子	自然环境	**人造环境**	文化环境

编号:H11	Malopolska 艺术花园				
基本信息	建筑师	Ingarden & Ewý Architects（IEA）			
	地点	波兰克拉科夫			
	面积	4330m²			
	时间	2012 年			

文化的生态性表达分析	文化生态位	自然环境	人造环境	文化环境	内在环境
		无明显自然特征	原址为马术竞技场，后用作图书馆和剧场，邻近19世纪的传统街区	地方建筑、街区文化	当代文化建筑
	限制因子	周边建筑环境	周边城市环境		当代文化建筑形式
	文化生态原型	当地建筑形式	基地既有建筑形式		
	生态进化	镶嵌进化——形式与周边建筑的嵌合			趋异进化——建筑实体的消隐
	效果				

建筑文化生态型案例分析			主导因子	自然环境	**人造环境**	文化环境
编号:H12 阿麦尔儿童文化馆						

基本信息	建筑师	Dorte Mandrup
	地点	丹麦哥本哈根
	面积	不详
	时间	2013 年

文化的生态性表达分析	文化生态位	自然环境	人造环境	文化环境	内在环境
		无明显自然特征	原址为城市传统居住街区	地方传统街区、民居建筑文化	当代儿童文化建筑
	限制因子	基地位置	哥本哈根城市环境	当代文化建筑形式	
	文化生态原型	周边建筑肌理	周边建筑的方框开窗形式与规则排列		
	生态进化	镶嵌进化——与老建筑嵌合	简式进化——窗户形式简化	趋异进化——打破规则排列	
	效果				

建筑文化生态型案例分析		主导因子	自然环境	**人造环境**	文化环境
编号:H13	**里伯教会活动中心**				

基本信息	建筑师	Lundgaard & Tranberg Architects
	地点	丹麦里伯
	面积	1079m²
	时间	2015 年

<table>
<tr><td rowspan="10">文化的生态性表达分析</td><td rowspan="2">文化生态位</td><td>自然环境</td><td>人造环境</td><td>文化环境</td><td>内在环境</td></tr>
<tr><td>无明显自然特征</td><td>原址为有 1100 年历史的里伯修道院废墟，邻近现存教堂</td><td>教会文化</td><td>教会活动中心</td></tr>
<tr><td rowspan="2">限制因子</td><td>基地旁的里伯教堂</td><td colspan="2">里伯城市建筑环境</td><td>当代建筑形式创新</td></tr>
<tr><td></td><td colspan="2"></td><td></td></tr>
<tr><td rowspan="2">文化生态原型</td><td colspan="3">传统大屋顶建筑形式</td><td>传统红砖材料</td></tr>
<tr><td colspan="3"></td><td></td></tr>
<tr><td rowspan="2">生态进化</td><td colspan="3">简式进化——屋顶形式的简化</td><td>趋异进化——红砖构法变异</td></tr>
<tr><td colspan="3"></td><td></td></tr>
<tr><td rowspan="2">效果</td><td colspan="4"></td></tr>
<tr><td colspan="4"></td></tr>
</table>

建筑文化生态型案例分析		主导因子	自然环境	**人造环境**	文化环境

编号:H14	美国国家非洲裔历史与文化博物馆				
基本信息	建筑师	David Adjaye			
	地点	美国华盛顿			
	面积	39019m²			
	时间	2016 年			

文化的生态性表达分析	文化生态位	自然环境	人造环境	文化环境	内在环境
		无明显自然特征	基地周边有美国百年经典建筑群	非洲文化，城市文脉肌理特征	美国非裔历史博物馆
	限制因子	基地周边环境	美国国家历史博物馆	华盛顿纪念碑	
	文化生态原型	基地轴线	非洲裔美国人手工艺图案	方尖碑顶部的角度	
	生态进化	趋同进化——与轴线协调	趋异进化——青铜掐丝表皮	趋同进化——建筑轮廓的呼应	
	效果				

建筑文化生态型案例分析		主导因子	自然环境	**人造环境**	文化环境

编号:H15	**杭州中山路改造**	

基本信息	建筑师	王澍
	地点	中国浙江杭州
	面积	不详
	时间	2011 年

文化的生态性表达分析	文化生态位	自然环境	人造环境	文化环境	内在环境
		无明显自然特征	杭州老城区，中山路历史街区	杭州传统建筑文化	城市历史街区复兴改造
	限制因子	历史街区	城市空间与历史街区		杭州城市形象
	文化原型	历史街区形式	传统建筑材质		当代建筑风格
	生态进化	趋异进化——传统形式的变形	趋异进化——材质的灵活运用		镶嵌进化——新元素的嵌合
	效果				

建筑文化生态型案例分析		主导因子	自然环境	**人造环境**	文化环境

编号:H16		成都远洋 太古里改造			
基本信息	建筑师	The Oval Partnership MAKE Architects 中国建筑西南 设计研究院有限公司			
	地点	中国四川成都			
	面积	25 万 m²			
	时间	2014 年			

文化的生态性表达分析	文化生态位	自然环境	人造环境	文化环境	内在环境
		无明显自然特征	成都老城区，传统街区及隋唐时的大慈寺	地方传统街巷、建筑文化	城市新兴商业区
	限制因子	大慈寺	历史街区	城市空间更新	
	文化原型	古刹空间	川西民居形式	街区空间	
	生态进化	趋同进化——历史建筑的修复	镶嵌进化——新元素的嵌合	趋异进化——建筑及空间开放	
	效果				

建筑文化生态型案例分析			主导因子	自然环境	**人造环境**	文化环境

编号:H17	北京四合院改造	
基本信息	建筑师	隈研吾
	地点	中国北京前门东区
	面积	不详
	时间	2016 年

文化的生态性表达分析	文化生态位	自然环境	人造环境	文化环境	内在环境
		无明显自然特征	北京古典清代四合院民居	四合院民居文化	城市办公、餐饮、居住等复合空间"大杂院"
	限制因子	传统四合院		北京的都市特征	
	文化原型	北京传统四合院	四合院青砖围合材料		传统窗格
	生态进化	趋异进化——围护结构的衍变	镶嵌进化——金属材料嵌入		趋异进化——窗格图案的拼图
	效果				

建筑文化生态型案例分析		主导因子	自然环境	**人造环境**	文化环境

编号:H18		扭院儿			
基本信息	建筑师	建筑营设计工作室			
	地点	中国北京大栅栏			
	面积	161.5m²			
	时间	2016 年			

文化的生态性表达分析	文化生态位	自然环境	人造环境	文化环境	内在环境
		无明显自然特征	北京四合院民居遗存	民居文化，当代城市文化	当代城市居住建筑
	限制因子	旧四合院			当代城市生活模式
	文化生态原型	传统的四合院原型	四合院内外围合空间		四合院中的建筑围合结构
	生态进化	镶嵌进化——功能体块镶嵌	趋异进化——内外空间的融合		简化进化——围护结构的简化
	效果				

建筑文化生态型案例分析		主导因子	自然环境	**人造环境**	文化环境

编号:H19	西海边的院子		

基本信息	建筑师	META
	地点	中国北京西海
	面积	800m²
	时间	2013 年

文化的生态性表达分析	文化生态位	自然环境	人造环境	文化环境	内在环境
		无明显自然特征	邻近德胜门、西海，原为砖混厂房	北京胡同，四合院文化	当代商住综合体
	限制因子	老厂房	胡同聚落		德胜门
	文化生态原型	老厂房狭长空间	"三进"四合院		四合院屋顶上的筒瓦
	生态进化	趋同进化——狭长空间的分格			趋异进化——筒瓦的垂直扭转
	效果				

建筑文化生态型案例分析		主导因子	自然环境	**人造环境**	文化环境

编号:H20	卡萨尔巴拉格尔文化中心		

基本信息	建筑师	Flores, Prats
	地点	西班牙帕尔马
	面积	2500m²
	时间	2014 年

文化生态位	自然环境	人造环境	文化环境	内在环境
	无明显自然特征	原址为有 800 年历史的宫廷建筑	地方传统建筑文化，当代城市文化	城市文化中心

文化的生态性表达分析	限制因子	历史建筑	帕尔马城市环境	
	文化生态原型	老建筑	新空间体块	
	生态进化	镶嵌进化——新建筑体块嵌入老建筑		镶嵌进化概念图
	效果			

建筑文化生态型案例分析		主导因子	自然环境	**人造环境**	文化环境

编号:H21	石材谷仓上的新屋	

基本信息	建筑师	McGarry-Moon Architects
	地点	英国北爱尔兰布罗谢恩
	面积	110m²
	时间	2013 年

文化的生态性表达分析	文化生态位	自然环境	人造环境	文化环境	内在环境
		无明显自然特征	原址为乡村石头谷仓	地方传统民居文化	当代住宅
	限制因子	北爱尔兰乡村	石头谷仓		当代住宅
	文化生态原型	北爱尔兰乡村住宅			现代建筑体块穿插技法
	生态进化	简式进化——原型简化与剪切		镶嵌进化——新体块与旧建筑的嵌合	
	效果				

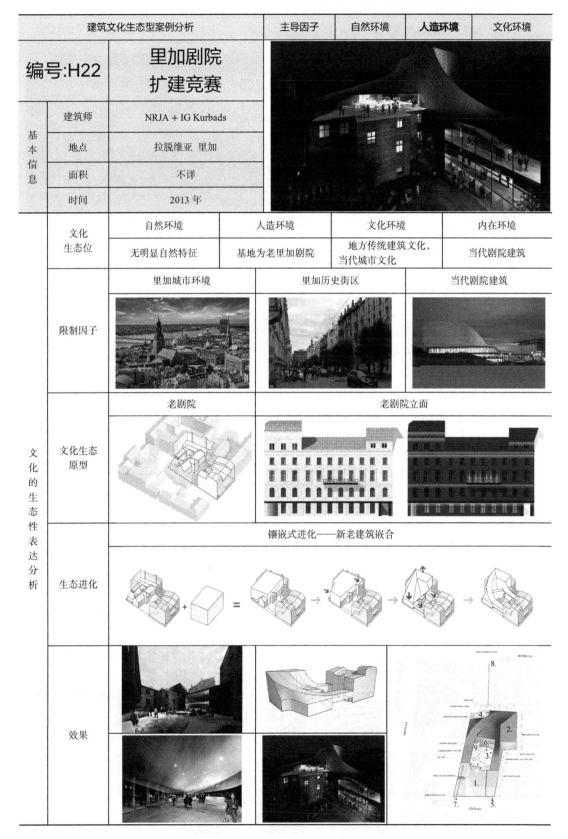

建筑文化生态型案例分析		主导因子	自然环境	**人造环境**	文化环境

编号:H22 / **里加剧院扩建竞赛**

基本信息

建筑师	NRJA + IG Kurbads
地点	拉脱维亚 里加
面积	不详
时间	2013 年

文化的生态性表达分析

文化生态位	自然环境	人造环境	文化环境	内在环境
	无明显自然特征	基地为老里加剧院	地方传统建筑文化,当代城市文化	当代剧院建筑

限制因子

里加城市环境	里加历史街区	当代剧院建筑

文化生态原型

老剧院	老剧院立面

生态进化

镶嵌式进化——新老建筑嵌合

效果

建筑文化生态型案例分析			主导因子	自然环境	**人造环境**	文化环境

编号:H23	蓝宝石酒厂改建	

基本信息	建筑师	Heatherwick Studio
	地点	英国汉普郡
	面积	4500 m²
	时间	2014 年

文化的生态性表达分析	文化生态位	自然环境	人造环境	文化环境	内在环境
		无明显自然特征	基地位于蓝宝石酒厂的旧厂房	地方传统建筑文化，当代城市文化	酿酒展示中心
	限制因子	旧厂房	周边环境		当代展示建筑形式
	文化生态原型	英国皇家植物温室			英国玻璃流体技术
	生态进化	镶嵌进化概念图	镶嵌进化——新老建筑的嵌合		
	效果				

建筑文化生态型案例分析		主导因子	自然环境	**人造环境**	文化环境

编号:H24		帕伦西亚文化中心			
基本信息	建筑师	Exit Architects			
	地点	西班牙帕伦西亚			
	面积	5077m²			
	时间	2011 年			

文化的生态性表达分析	文化生态位	自然环境	人造环境	文化环境	内在环境
		无明显自然特征	原址为 19 世纪帕伦西亚监狱	地方传统建筑文化，当代城市文化	当代市民文化中心
	限制因子	帕伦西亚监狱		当代文化建筑风格	
	文化生态原型	旧建筑空间构成	19 世纪西班牙新穆德哈尔建筑风格		
	生态进化	镶嵌进化——新老建筑的嵌合		趋同进化——屋顶形式趋同	
	效果				

建筑文化生态型案例分析		主导因子	自然环境	**人造环境**	文化环境
编号:H25	**圣弗朗西斯科 教堂改造**				
基本信息	建筑师	David Closes			
	地点	西班牙加泰罗尼亚			
	面积	950m²			
	时间	2011 年			

文化的生态性表达分析	文化生态位	自然环境	人造环境	文化环境	内在环境
		无明显自然特征	原址为破败的 1720 年修道院教堂	地方传统建筑文化，当代城市文化	当代文化活动建筑
	限制因子	破败的教堂		当代文化建筑风格	
	文化生态原型	教堂剖面图			
	生态进化	镶嵌进化——新形式与既有建筑的穿插			
	效果				

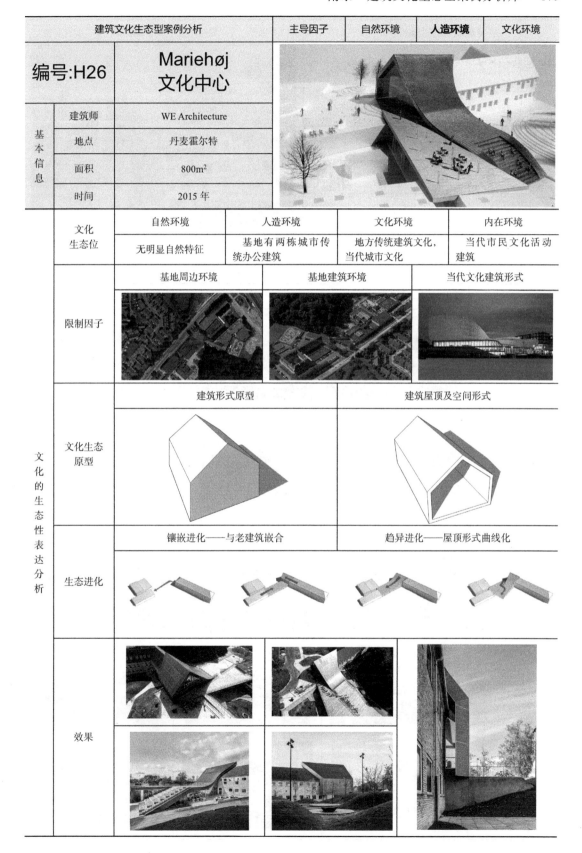

建筑文化生态型案例分析		主导因子	自然环境	**人造环境**	文化环境

编号:H26

Mariehøj 文化中心

基本信息	建筑师	WE Architecture
	地点	丹麦霍尔特
	面积	800m²
	时间	2015 年

文化的生态性表达分析

	文化生态位	自然环境	人造环境	文化环境	内在环境
		无明显自然特征	基地有两栋城市传统办公建筑	地方传统建筑文化，当代城市文化	当代市民文化活动建筑

限制因子

基地周边环境	基地建筑环境	当代文化建筑形式

文化生态原型

建筑形式原型	建筑屋顶及空间形式

生态进化

镶嵌进化——与老建筑嵌合	趋异进化——屋顶形式曲线化

效果

建筑文化生态型案例分析			主导因子	自然环境	**人造环境**	文化环境

编号:H27	**凤凰措艺术乡村**			
基本信息	建筑师	北京观筑景观规划设计院		
	地点	山东省日照市南湖镇		
	面积	2000m²		
	时间	2017 年		

文化的生态性表达分析	文化生态位	自然环境	人造环境	文化环境	内在环境
		山地，石头多	杜家坪村，荒废村落，石头民居	村子没落，文化萧条	乡村艺术区
	限制因子	基地周边环境	基地建筑环境		失活村落
	文化生态原型	石材	老房子		村落肌理
	生态进化	镶嵌进化——新元素与老建筑嵌合			趋异进化——屋顶切削
	效果				

建筑文化生态型案例分析	主导因子	自然环境	**人造环境**	文化环境

编号:H28	小米醋博物馆	

基本信息	建筑师	天津大学建筑规划设计研究院
	地点	山东淄博
	面积	835m²
	时间	2016 年

	文化生态位	自然环境	人造环境	文化环境	内在环境
		地势平坦，无明显特征	基地上有三层旧楼	小米醋企业文化	企业

文化的生态性表达分析	限制因子	基地周边建筑环境		小米醋
	文化生态原型	小米地裂纹	老醋罐子	
	生态进化	趋同进化——建筑材质的表达	趋同进化——立面、空间、材质的醋坛特征表达	
	效果			

建筑文化生态型案例分析		主导因子	自然环境	人造环境	**文化环境**

编号:C01	**西双版纳万达文华度假酒店**		
基本信息	建筑师	OAD 欧安地	
	地点	中国西双版纳	
	面积	46149m²	
	时间	2015 年	

		自然环境	人造环境	文化环境	内在环境
文化的生态性表达分析	文化生态位	基地处西双版纳郊区一处山地中	周边无历史遗存建筑	贝叶文化,傣族少数民族文化特色	当代旅游度假酒店
	限制因子	西双版纳南传佛教文化 	贝叶文化——世俗化宗教文化 		傣族的水文化
	文化生态原型	西双版纳大佛寺 			西双版纳民居
	生态进化	趋异进化——形式的现代转化 	简式进化——屋顶层叠的简化 		趋同进化——水景场所营造
	效果				

建筑文化生态型案例分析		主导因子	自然环境	人造环境	**文化环境**

编号:C02	大厂民族宫	

基本信息	建筑师	何镜堂
	地点	河北廊坊大厂回族自治县
	面积	35000m²
	时间	2015 年

	自然环境	人造环境	文化环境	内在环境
文化生态位	无明显自然特征	处于城市新区,无历史遗存建筑	回族与伊斯兰宗教文化	当代城市文化建筑

文化的生态性表达分析	限制因子	回族伊斯兰教信仰	清真寺形象	基地在城市中的位置
	文化生态原型	清真寺中的"穹顶"	清真寺中的"券"和"纹样"	清真寺穹顶曼陀罗"纹样"
	生态进化	简式进化——穹顶空间简化	趋异进化——拱券非线性化	趋异进化——"纹样"立体化
	效果			

建筑文化生态型案例分析		主导因子	自然环境	人造环境	**文化环境**

编号:C03	**西藏尼洋河游客中心**	

基本信息	建筑师	标准营造+朝阳工作室
	地点	中国西藏林芝大泽村
	面积	430m²
	时间	2009 年

文化的生态性表达分析	文化生态位	自然环境	人造环境	文化环境	内在环境
		位于林芝尼洋河旁	处于尼洋河景区入口处的公路旁，无历史遗存建筑	藏族与藏传佛教文化	当代景区游客中心建筑

限制因子	藏族藏传佛教信仰	尼洋河自然山川环境

文化生态原型	藏族的经幡色彩	藏族民居中的传统色彩	林芝民居的自然石材运用

生态进化	趋同进化——建筑空间的色彩应用		趋异进化——石材的几何空间

效果			

建筑文化生态型案例分析	主导因子	自然环境	人造环境	**文化环境**

编号:C04	**狭山森林小教堂**	

基本信息	建筑师	Hiroshi Nakamura
	地点	日本狭山市
	面积	114m²
	时间	2013 年

文化的生态性表达分析	文化生态位	自然环境	人造环境	文化环境	内在环境
		位于峡山市林区和墓区之间，周边树林茂密	基地周边无历史建筑遗存	日本宗教文化	当代宗教建筑
	限制因子	基地环境——三角形基地、墓区、林区			教堂空间
	文化生态原型	日本"合掌结"结构形式		日本祈祷手势	
	生态进化	复式进化——原型多单元组合	趋异进化——木材与瓦片运用		
	效果				

建筑文化生态型案例分析		主导因子	自然环境	人造环境	**文化环境**
编号:C05	**范曾艺术馆**				
基本信息	建筑师	同济大学建筑设计研究院			
	地点	中国江苏南通			
	面积	7028m²			
	时间	2014 年			

文化的生态性表达分析	文化生态位	自然环境	人造环境	文化环境	内在环境
		无明显自然特征	基地处南通大学校园内，无遗存建筑	中国传统文化，国学文化	当代艺术展览建筑
	限制因子	范曾传统国画作品		基地位置	
	文化生态原型	"院落"	传统屋顶形式	传统灰砖材料	
	生态进化	复式进化——院落的叠加组合	简式进化——屋顶的简化变形	趋异进化——灰砖的编织	
	效果				

建筑文化生态型案例分析			主导因子	自然环境	人造环境	**文化环境**

编号:C06		淼庐				
基本信息	建筑师	李晓东				
	地点	中国云南丽江				
	面积	1200m²				
	时间	2009 年				

文化的生态性表达分析	文化生态位	自然环境		人造环境		文化环境	内在环境
		雪山脚下，玉湖水库一览无余		地处丽江古城郊外，周边无历史遗存建筑		中国传统文化，丽江传统建筑文化	当代会所建筑
	限制因子	丽江古城		丽江玉湖水库		丽江传统文化氛围	
	文化生态原型	丽江民居"院落"			建筑的水环境	传统材料——石材、木材	
	生态进化	简式进化——院落围合		复式进化——静谧水环境营造		趋异进化——传统材料的建构	
	效果						

建筑文化生态型案例分析		主导因子	自然环境	人造环境	**文化环境**

编号:C07	土楼公舍	

基本信息	建筑师	都市实践
	地点	中国广东佛山
	面积	13711m²
	时间	2008 年

		自然环境	人造环境	文化环境	内在环境
文化的生态性表达分析	文化生态位	无明显自然特征	处于城市居住区，无历史遗存建筑	中国传统聚居文化	当代保障性住房
	限制因子	广东群租房问题			佛山城市住宅区
	文化生态原型	客家土楼的聚居模式	客家土楼建筑形式		客家土楼居住单元
	生态进化	趋异进化——闭合空间开放化	复式进化——多种居住单元与叠加组合		
	效果				

建筑文化生态型案例分析		主导因子	自然环境	人造环境	**文化环境**

编号:C08	曲阜孔子研究院		

基本信息	建筑师	吴良镛
	地点	中国山东曲阜
	面积	26000m²
	时间	1999 年

		自然环境	人造环境	文化环境	内在环境
文化的生态性表达分析	文化生态位	无明显自然特征	处于孔庙中轴线以南 800m 左侧,附近无历史建筑	曲阜古城文化,儒家文化及孔子时代建筑文化	当代文化建筑
	限制因子	孔子《论语》 	曲阜孔庙 	基地位置
	文化生态原型	九宫图-论语中论及 	明堂辟雍原型 	建筑细节
	生态进化	趋同进化——建筑的九宫布局 	趋异进化——明堂的现代建构 	复式进化——细节的艺术化
	效果	 	 	

建筑文化生态型案例分析		主导因子	自然环境	人造环境	**文化环境**

编号:C09		兰溪亭			
基本信息	建筑师	创盟国际			
	地点	中国四川成都			
	面积	4000m²			
	时间	2011 年			

		自然环境	人造环境	文化环境	内在环境
文化的生态性表达分析	文化生态位	无明显自然特征	处于成都国际非物质遗产文化公园内，无历史建筑遗存	传统建筑文化	当代会所建筑
	限制因子	中国传统文化——山水画 	中国传统文化——庭院 	中国传统文化——建筑形式 	
	文化生态原型	屋顶形式 	院落 	青砖 	
	生态进化	趋异进化——屋顶形式的交错 	复式进化——庭院多维布局 	趋异进化——青砖非线性建构 	
	效果	 	 		

建筑文化生态型案例分析		主导因子	自然环境	人造环境	**文化环境**

编号:C10	上海世博会中国馆	

基本信息	建筑师	何镜堂
	地点	中国上海
	面积	72480m²
	时间	2010 年

	自然环境	人造环境	文化环境	内在环境
文化生态位	无明显自然特征	处于上海世博会世博园内，无历史建筑遗存	中国传统建筑文化	当代展览建筑

文化的生态性表达分析	限制因子	中国传统文化
	文化生态原型	传统建筑形式：斗拱　　中国传统色彩：红色　　中国印章
	生态进化	特式进化——斗拱形式的放大进化　　特式进化：印章细节放大
	效果	

建筑文化生态型案例分析		主导因子	自然环境	人造环境	**文化环境**

编号:C11	黄帝陵祭祀大殿	

基本信息	建筑师	张锦秋
	地点	中国陕西延安
	面积	13350m²
	时间	2004 年

文化的生态性表达分析	文化生态位	自然环境	人造环境	文化环境	内在环境
		位于庙区的一处山地上	处于轩辕庙区，中华文明的始祖黄帝所在地	中国传统建筑文化	当代祭祀建筑
	限制因子	中华民族始祖：黄帝	中华文化		祭祀场所的圣地感
	文化生态原型	明堂辟雍	中国传统大殿建筑形式		天圆地方
	生态进化	趋同进化——中轴对称布局	简式进化——建筑形式的简化		空间化——天圆地方空间隐喻
	效果				

建筑文化生态型案例分析		主导因子	自然环境	人造环境	**文化环境**

编号:C12	石塘互联网会议中心		

基本信息	建筑师	张雷
	地点	中国江苏南京
	面积	3000m²
	时间	2016 年

文化的生态性表达分析	文化生态位	自然环境	人造环境	文化环境	内在环境
		位于南京郊区一处山地与水塘的交会处	处于南京郊区石塘村，周边无历史建筑遗存	南京传统民居文化	当代城市会议中心建筑

	限制因子	传统乡土环境	石塘村村落环境	基地位置

	文化生态原型	公社文化礼堂	温室大棚轻钢结构	传统材料——木材

	生态进化	复式进化——地域建筑原型的整合与叠加		趋异进化——传统材料的建构
		北立面　0　2　4　　10m		

	效果	

建筑文化生态型案例分析		主导因子	自然环境	人造环境	**文化环境**

编号:C13	车田村文化中心	

基本信息	建筑师	西线工作室
	地点	中国贵州贵阳市
	面积	715m²
	时间	2015 年

文化的生态性表达分析	文化生态位	自然环境	人造环境	文化环境	内在环境
		无明显自然特征	处于贵阳市车田村，无历史建筑遗存	少数民族文化及地方传统建筑文化	当代乡村文化建筑
	限制因子	基地位置	车田村有 400 年的文化历史	少数民族传统文化	
	文化生态原型	传统建筑屋顶形式	传统材料——车田青石	乡土公共空间	
	生态进化	趋异进化——屋顶变形与剪切	趋同进化——传统石材的运用	趋同进化——公共空间营造	
	效果				

建筑文化生态型案例分析			主导因子	自然环境	**人造环境**	文化环境
编号:C14	**梼原木桥博物馆**					

基本信息	建筑师	隈研吾
	地点	日本高知县
	面积	14736m²
	时间	2011 年

		自然环境	人造环境	文化环境	内在环境
	文化生态位	基地群山环绕	基地周边有酒店、水疗馆以及道路	日本传统建筑文化	当代艺术馆建筑
文化的生态性表达分析	限制因子	自然环境	日本传统建筑文化		当代展厅
	文化生态原型	当地红雪松	日本建筑中的斗拱		刎桥形式——山梨县猿桥
	生态进化	特式进化——斗拱形式的放大与异化		趋异进化——刎桥形式的变形	
	效果				

建筑文化生态型案例分析		主导因子	自然环境	人造环境	**文化环境**

编号:C15	佐川美术馆	

基本信息	建筑师	竹中工作室
	地点	日本滋贺县
	面积	2262m²
	时间	1998 年

		自然环境	人造环境	文化环境	内在环境
文化的生态性表达分析	文化生态位	位于滋贺县琵琶湖周边海域	基地周边无历史建筑遗存	日本传统建筑文化,当代城市文化	当代美术馆建筑
	限制因子	自然环境——琵琶湖 	传统建筑形式 	当代展厅
	文化生态原型	禅意 	日本传统双坡屋顶 	日本传统建筑室内外关系
	生态进化	空间化——禅意空间营造 	简式进化——立面材质的简化 	趋同进化——室内外空间融合
	效果		 	

建筑文化生态型案例分析		主导因子	自然环境	人造环境	**文化环境**

编号:C16	法赫德国王国家图书馆				

基本信息	建筑师	盖博
	地点	沙特阿拉伯利雅得
	面积	86632m²
	时间	2013 年

文化的生态性表达分析	文化生态位	自然环境	人造环境	文化环境	内在环境
		基地环境炎热干燥	处于利雅得市国家图书馆原址上	阿拉伯文化	当代国家图书馆建筑
	限制因子	深厚的中东传统文化	伊斯兰信仰		原有图书馆旧址
	文化生态原型	阿拉伯传统帐篷文化			传统织物上的菱形图案
	生态进化	特式进化——帐篷原型的新技术表皮建构			
	效果				

建筑文化生态型案例分析		主导因子	自然环境	人造环境	**文化环境**

编号:C17	圣温塞斯拉斯教堂			
基本信息	建筑师	Štěpán 工作室		
	地点	捷克摩拉维亚兹林州		
	面积	不详		
	时间	2017 年		

		自然环境	人造环境	文化环境	内在环境
文化的生态性表达分析	文化生态位	无明显自然特征	处于兹林州的一个村庄中，无历史建筑	传统教堂建筑文化	当代教堂建筑
	限制因子	基地环境——捷克村庄 	当地宗教文化 	教堂空间 	
	文化生态原型	罗马式教堂的圆形穹窿 		教堂的空间神圣性 	
	生态进化	简式进化——圆柱形式的简化与非线性剪切 		简式进化——教堂空间纯净化 	
	效果				

建筑文化生态型案例分析		主导因子	自然环境	人造环境	**文化环境**

编号:C18	**唐山有机农场**	

基本信息	建筑师	建筑营设计工作室
	地点	中国河北唐山
	面积	1720m²
	时间	2016 年

文化的生态性表达分析	文化生态位	自然环境	人造环境	文化环境	内在环境
		无明显自然特征	处于唐山农村，周边为农田	传统民居文化	当代农业食品加工厂建筑
	限制因子	农业	村庄		当代工厂
	文化原型	传统的四合院屋顶形式	四合院围合空间		四合院中的木结构
	生态进化	复式进化——屋顶形式的叠加	复式进化——多重围合空间		简式进化——框架化的木结构
	效果				

建筑文化生态型案例分析		主导因子	自然环境	人造环境	**文化环境**

编号:C19	殷墟博物馆	

基本信息	建筑师	崔愷
	地点	中国河南安阳
	面积	3525m²
	时间	2005

文化的生态性表达分析	文化生态位	自然环境	人造环境	文化环境	内在环境
		位于河流旁	处于商代古都殷墟遗址中	中国商代文化	当代遗址博物馆建筑
	限制因子	殷墟遗址	出土文物		遗址考古现场
	文化生态原型	后母戊大方鼎	青铜器的"饕餮纹"		发掘出的甲骨文
	生态进化	趋同进化——方鼎形式的运用	趋同进化——建筑的细节运用		特式进化——"洹"字的应用
	效果				

建筑文化生态型案例分析		主导因子	自然环境	人造环境	**文化环境**

编号:C20		侵华日军南京大屠杀遇难同胞纪念馆扩建	

基本信息	建筑师	何镜堂
	地点	中国江苏南京
	面积	20000m²
	时间	2007 年

文化的生态性表达分析	文化生态位	自然环境	人造环境	文化环境	内在环境
		无明显自然特征	处于纪念馆的东西两侧	历史事件的铭记与战争反思，和平文化	当代战争纪念馆建筑
	限制因子	侵华日军南京大屠杀罪行	史实		侵华日军南京大屠杀遇难同胞纪念馆老馆
	文化生态原型	形式——侵略者的凶器	材料——石材		场所
	生态转化	实体化——"断刀"三角形	空间化——纪念场所营造与序列式布局		
			和平公园　　祭庭　　灾难之庭　　纪念广场　　尾声·······高潮··铺垫·····序曲		
	效果				

建筑文化生态型案例分析		主导因子	自然环境	人造环境	**文化环境**

编号:C21	侵华日军第七三一部队罪证陈列馆	

基本信息	建筑师	何镜堂
	地点	中国黑龙江哈尔滨
	面积	9997m²
	时间	2015 年

文化的生态性表达分析	文化生态位	自然环境	人造环境	文化环境	内在环境
		无明显自然特征	处于侵华日军七三一部队罪证遗址中	历史事件的铭记与战争反思，和平文化	当代战争陈列馆建筑
	限制因子	七三一部队侵华历史	七三一部队旧址废墟		基地位置
	文化生态原型	形式：记载真相的黑匣子	材料：石材		纪念性场所
	生态转化	实体化——建筑黑匣子意象	空间化——"黑匣子"断裂与打开象征真相大白		
	效果				

建筑文化生态型案例分析		主导因子	自然环境	人造环境	**文化环境**

编号:C22	富平国际陶艺博物馆群主馆			
基本信息	建筑师	刘克成		
	地点	中国陕西富平县		
	面积	2400m²		
	时间	2004 年		

		自然环境	人造环境	文化环境	内在环境
	文化生态位	无明显自然特征	处于富平国际陶艺博物馆群中	中国传统陶艺文化	当代艺术博物馆建筑
文化的生态性表达分析	限制因子	陕西黄土高原 	唐代鼎州窑瓷器 	中国传统文化——窑洞 	
	文化生态原型	传统材料 	陶器 	砖拱 	
	生态进化	特化式进化——陶器空间的放大运用与韵律转化 			
	效果				

建筑文化生态型案例分析			主导因子	自然环境	人造环境	**文化环境**

编号:C23		三宝蓬艺术中心				
基本信息	建筑师	大料建筑事务所				
	地点	中国江西景德镇				
	面积	2800m²				
	时间	2017 年				

	文化生态位	自然环境	人造环境 ·	文化环境	内在环境
		位于艺术聚落区的山地环境中	处于景德镇三宝蓬艺术聚落区	景德镇陶瓷文化	当代艺术文化建筑
文化的生态性表达分析	限制因子	基地位置：景德镇三宝村	中国传统文化：陶瓷	陶瓷艺术氛围	
	文化生态原型	瓷窑	瓷器图案的当代创作	当地陶瓷黏土材料	
	生态进化	复式进化——空间的偶然性	趋异进化——传统环境与飞船	趋异进化——陶土材料的建构	
	效果				

建筑文化生态型案例分析		主导因子	自然环境	人造环境	**文化环境**

编号:C24	**苏州文化体育中心**	

基本信息	建筑师	天华建筑事务所
	地点	中国江苏苏州
	面积	170000m²
	时间	2017年

文化的生态性表达分析	文化生态位	自然环境	人造环境	文化环境	内在环境
		无明显自然环境特征	处于苏州科技新城，无历史建筑遗存	苏州传统古典园林文化	城市文化体育建筑
	限制因子	基地位置：苏州科技新城	苏州古典园林		
	文化生态原型	苏州古典园林太湖石人文审美情怀			
	生态进化	特式进化——太湖石的空间放大及数字模拟			
	效果				

建筑文化生态型案例分析			主导因子	自然环境	人造环境	**文化环境**

编号:C25		浙江美术馆				
基本信息	建筑师	程泰宁				
	地点	浙江杭州				
	面积	31550m²				
	时间	2006 年				

文化的生态性表达分析	文化生态位	自然环境	人造环境	文化环境	内在环境
		山地，西子湖	无历史建筑遗存	江南文化	美术、艺术、展览馆
	限制因子	西子湖畔	中国江南传统文化环境		
	文化生态原型	传统山水画意境		杭州传统民居及屋顶形式	
	观念的实体转化	传统山水意境观念的实体转化			
	效果				

建筑文化生态型案例分析			主导因子	自然环境	人造环境	**文化环境**

编号:C26	孔子博物馆	

基本信息	建筑师	吴良镛
	地点	山东曲阜
	面积	55000m²
	时间	2018 年

文化的生态性表达分析	文化生态位	自然环境	人造环境	文化环境	内在环境
		地势平坦	新城区，无历史建筑遗存	曲阜古城，孔庙，儒家文化	博物馆
	限制因子	曲阜孔庙	儒家文化		
	文化生态原型	大成殿	重檐庑殿顶	斗拱挑檐	
	生态进化	趋异进化——传统屋顶、开间、斗拱等元素的现代转译			
	效果				

AFTERWORD
结　语

地域文化的建筑传承与表达，是建筑学界经久不衰的论题。基于文化生态理念的建筑设计方法研究，是运用学科交叉的研究方法，以文化生态视角切入并运用生态学的相关理论，从"建筑-文化生态"研究的理论可行性进行辨析与突破，从建筑文化的生态要素与表达路径建构、建筑案例的文化生态适应模式提取、建筑文化的生态性传承策略、表达方法推演等一一展开，探讨地域文化在建筑中的生态适应性表达方法，并最终较为系统地构建出建筑文化之生态性表达方法，进而，在方法论意义上得出以下结论：

1. 在研究方法上

文化生态学中"文化与环境"的生态关系之研究逻辑，适用于"建筑-文化生态"等类似方向的研究命题。

首先，文化生态学是将生态学的思维方式运用到文化研究中酝酿出的学科，以作为人类文明、文化载体的建筑为对象进行文化生态研究，具有理论可行性；其次，对于"建筑-城市与地域文化环境"构成的"地域文化生态整体"而言，具有整体性、和谐性、未来性的特征，而建筑作为构成整体的"元素个体"，则具有地域性、适应性、演化性特征；最后，在建筑文化研究的不同领域，如民居文化演变、历史街区更新、建筑设计方法演进等，均可以从文化生态学的研究视角与逻辑，形成具有学科交叉创新的理论及方法研究。

2. 在思维方法上

基于文化生态理念转换与建构的建筑文化生态要素，是对建筑文化系统化的分析与认知方法。

基于文化生态理念与个体生态学的理论基础，通过将个体生态学领域中的概念原型，转换为建筑文化生态因子、建筑文化生态位、建筑文化限制因子、建筑文化生态型、建筑文化的生态进化等生态要素，从而初步形成了建筑文化生态性分析的系统性理论框架。并在此基础上，建构建筑文化的生态性表达路径。进而，建立起建筑文化的生态系统化的分析与认知方法。

3. 在适应方法、类型上

建筑文化的生态适应具有多样性特征。

通过解析 **70** 个建筑文化生态型案例，根据建筑文化所适应的生态环境不同，提取出自然环境适应、人造环境适应、文化环境适应三大类，以及九小类建筑文化生态适应模式，包括：气候环境适应、地理环境适应、生物环境适应、城市环境适应、基地环境适应、精神文化适应、制度文化适应、民俗文化适应、历史文化适应等。并在此基础上，分别从不同的案例中提取具体的设计手法。因此，建筑文化的生态适应模式具有多样性特征。

4. 在传承策略上

建筑之地域文化的生态性传承策略具有多重维度，包括生态适应、多元同构、进化与转化式表达等策略。

"建筑-城市与地域文化环境"构成的"地域文化生态整体"，可以视为建筑及城市的文化生态系统，并且其演化规律主要体现在三点：建筑群所构成的城市所占空间逐步扩展，内部空间逐步更新迭代并趋于完善；建筑功能及类型走向精细化及多样化；建筑及城市所表现出的文化更富有现代性，具有时代演化特征。基于上述建筑文化的生态系统观念，在此将建筑文化的生态性传承策略归结为三点，即：建筑文化的生态适应性表达策略、建筑文化的多元同构策略、建筑文化原型的生态进化与转化表达策略。

5. 在设计方法上

建筑文化的生态性表达方法，可以是注重合理选择与演化表达的程式化设计方法。

基于文化生态理念，本书推演与归纳出的建筑文化生态性设计方法，主要分为四个步骤：首先，建筑的文化生态位分析；其次，影响建筑的文化表达的限制因子分析；再次，文化生态原型的提取；最后，文化原型的生态进化与转化表达。该设计方法具有两个特征：一是注重建筑文化的生态性定位与选择，即基地环境需要建筑有怎样的定位？表达什么样的文化？二是注重建筑文化的生态性表达与处理，即文化原型的处理手法的生态性。

所以，本书的研究意义，可以归纳为以下两个方面：

理论意义：学科交叉背景下的观念与方法突破。以文化生态理念的视角，突破传统建筑文化及其表达方法的研究模式，拓展原有的类型学、符号学、文化学等理论，引入文化生态学理论及生态学中的相关理论方法，通过交叉、转换研究建筑文化及其表达方法，在建筑理论研究上具有创新意义。

现实意义：针对当代建筑设计中的文化表达缺失问题，提出系统化、程式化的模式与方法，在观念层面上，强调文化生态理念；在方法层面上，一是提出四步法，即建筑的文化分析、选择、提取、表达四步生态性设计方法；二是给出九种方法，并针对不同文化原型给出对应的建筑处理手法。因此对建筑设计实践具有现实意义。

然而，由于"建筑文化"涉及领域广阔，以及"生态学"理论及内容之庞大、复杂，二者的交叉研究可谓难如"蜀道"，本书可能会有很多不足，如"生态学"理论在"建筑文化"中的交叉、转换未必严谨，文化生态型建筑案例的选用未必合理，方法推演也未必精准，等等。这些笔者将在未来进行更为深入的思考和研究。

最后，本书的研究内容可以在以下几个方向进行拓展研究：

一是深化理论拓展研究；二是对象范围拓展研究，可以尝试将本书文化生态性表达研究方法运用于城市文化领域；三是具体应用拓展研究。将本书的文化生态性表达方法，应用于当下国家主导的传统村落保护与更新、产业建筑更新、历史街区改造与更新研究等领域。